Tiermütter
und ihre
Jungen

Für eine Mutter namens Zaverben

Bibliografische Informationen Der Deutschen
Die deutsche Bibliothek verzeichnet diese Publikation
in der Deutschen Nationalbibliografie; detaillierte
bibliografische Daten sind im Internet über *http://dnb.ddb.de* abrufbar.

Aus dem Französischen von Regina Enderle

Die Originalausgabe erschien unter dem Titel *Mères et Petits.*
Une éternelle histoire d'amour 2003 bei Éditions Flammarion, Paris
Text Anup Shah

Satz: Fotosatz Ressemann, Hochstadt
Printed in Spain
ISBN 3-8067-2923-9

Anup und Manoj Shah
Text von Anup Shah

Tiermütter und ihre Jungen

Aus dem Französischen von
Regina Enderle

Gerstenberg Verlag

INHALT

GEPARD
Masai Mara Wildreservat, Kenia

ERSTER TEIL

Die Mutter und ihr Neugeborenes

Die ersten Augenblicke

Vorhergehende Seiten
IMPALA
Masai Mara Wildreservat, Kenia
Eine Mutter und ihr zwei Tage altes Junges haben sich vom Rest der Herde abgesondert. In ein oder zwei Tagen werden sie wieder dazustoßen, nachdem sie sich vorher eingehend kennen gelernt haben.

KAFFERNBÜFFEL
Masai Mara Wildreservat, Kenia
Eines Morgens entdecken wir zu früher Stunde diese trächtige Kaffernbüffelkuh inmitten einer Herde beim Weiden. Gelbschnabel-Madenhacker picken Parasiten aus ihrem Fell. Andere Weibchen der Herde haben bereits neugeborene Kälber.

STEPPENZEBRA
Masai Mara Wildreservat, Kenia
Eines Abends erregt dieses Zebraweibchen unsere Aufmerksamkeit, weil es sich abseits der Herde aufhält. Die Trächtigkeit ist für die angehende Mutter eine erhebliche Behinderung, denn sie ist jetzt langsamer als ihre Artgenossen. Für Löwen wäre das schwerfällige, einzeln stehende Tier eine leichte Beute.

LEOPARD
Masai Mara Wildreservat, Kenia
Zawadi bringt ihr Kleines in das neue Versteck, wo bereits das zweite Junge auf sie wartet. Auf der vierhundert Meter langen Strecke macht sie mehrere Pausen und legt dabei das Kleine kurz ab.

Kinderwunsch Die Leopardin Zawadi, deren Revier im Norden der Masai Mara liegt, sucht verzweifelt ein Männchen, mit dem sie sich paaren kann. Sie läuft unruhig hin und her, faucht und markiert große Büsche und Baumstämme mit ihrem Urin. Alle Männchen im Umkreis sollen wissen, dass sie paarungsbereit ist. Fasziniert beobachten wir ihr drängendes Verlangen. Leopardinnen sind Einzelgängerinnen und gehen einer Begegnung mit Artgenossen normalerweise aus dem Weg. Doch wenn ihre biologische Uhr tickt, fordert die Natur ihr Recht und sie müssen aktiv nach Gesellschaft suchen. Sobald ihr Nachwuchs sich alleine durchschlagen kann, spielen die Hormone verrückt. Unsichtbare Mächte treiben die Leopardinnen dazu, ein Männchen zwecks Paarung anzulocken. Sie entscheiden sich nicht für oder gegen die Mutterschaft; diese ist für sie schlichtweg eine biologische Notwendigkeit.

Eine Schwangerschaft in der Wildnis Auch bei den Zebras, die in einem völlig anderen sozialen Umfeld leben, machen sich die Hormone bemerkbar. Eine Zebrastute wächst in einem Familienverband auf, zu dem mehrere erwachsene Stuten, ihre Fohlen und ein Hengst gehören. Wenn sich das junge weibliche Tier der Geschlechtsreife nähert, schenkt der Hengst ihm zunehmend Beachtung und beobachtet seine Entwicklung. Die Stute reagiert abwehrend auf seine Aufmerksamkeit und schlägt mit den Hinterbeinen nach ihm aus. Dann wirkt sie plötzlich wie ausgewechselt. Die Zusammensetzung der Hormone im Blut verändert sich und das Gehirn erhält neue Botschaften. Unter dem Einfluss der Hormone lässt sie seine Annäherungsversuche zu, was sehr schnell zur Paarung führt.

IMPALA
Masai Mara Wildreservat, Kenia
Seit zwei Stunden hält die angehende Impalamutter sich im Schatten auf. Es herrscht gespannte Stille. Ihre Feinde scheinen irgendwo in der Ferne zu dösen. Wie aus heiterem Himmel wirft sie plötzlich ihr Junges. Kurz darauf stellt das Neugeborene sich auf seine wackeligen Beine und will bei der Mutter trinken. Das Impalaweibchen sucht unterdessen den Horizont nach eventuellen Gefahren ab.

Der besänftigende Einfluss der Hormone ist nur von kurzer Dauer. Er leitet einen wichtigen Wandel ein und schon bald sieht man erste Anzeichen einer körperlichen Veränderung. Das Weibchen wird runder, die Paarung war erfolgreich. Die Zebrastute frisst mehr und ruht sich häufiger aus. Damit reagiert sie auf hormonelle Signale, die ihr sich verändernder Körper an das Gehirn sendet. Das Wunderbare dabei ist, dass sie ihre Verhaltensweisen nicht aus Erfahrung oder nach dem Vorbild ihrer Artgenossinnen verändert. Sie folgt einzig ihrem Instinkt.

Der Konflikt zwischen Muttertier und Fetus Während der gesamten Tragzeit tobt im mütterlichen Schoß eine Schlacht um die Energiereserven der Mutter. Der Fetus versucht, möglichst viel Energie und Nahrung von dem Körper des Muttertieres abzuzweigen, wodurch er unter Umständen auch spätere Schwangerschaften gefährdet. Die Mutter dagegen versucht ein Gleichgewicht herzustellen und genügend Reserven für künftigen Nachwuchs zurückzuhalten.

Die Plazenta ist das Bindeglied zwischen Mutter und Fetus. Sie sorgt für einen kontinuierlichen Stoffaustausch über das Blut. Der Fetus kann seinerseits über die Plazenta ein Hormon an das Blut der Mutter abgeben, das die Ausschüttung von Insulin hemmt. Der Blutzuckerspiegel der Mutter steigt. Der zusätzliche Zucker liefert dem Fetus neue Energie. Doch der daraus resultierende Diabetes mit erhöhtem Blutzuckerspiegel gefährdet die Gesundheit der Mutter. Sie reagiert mit einer vermehrten Insulinproduktion, worauf der Fetus noch mehr hemmende Hormone ausschüttet. Es entsteht ein Teufelskreis. Zu Komplikationen zwischen Muttertier und Fetus kann es auch dann kommen, wenn der Energiebedarf des Fetus steigt und sich in der Folge der Blutdruck der Mutter stark erhöht.

Die vielen komplizierten Vorgänge zwischen Plazenta und mütterlichem Blut während der Tragzeit bergen scheinbar große Risiken für Mutter und Fetus. Das seltsame Duell könnte sich zu einem Drama auswachsen, doch tatsächlich wird das Gleichgewicht zwischen den beiden Individuen meistens gewahrt, sodass beide überleben.

Geburt in der Savanne Als wir an einem bewölkten Nachmittag wieder einmal die grüne Savanne der Masai Mara durchstreifen, entdecken wir eine äußerst unruhige Thomsongazelle. Das nervöse Tier hält sich

GIRAFFE
Masai Mara Wildreservat, Kenia
Während wir vergebens nach Leoparden Ausschau halten, stoßen wir auf eine Giraffe, die vor kurzem ein Junges zur Welt gebracht hat, wahrscheinlich vor nicht mehr als einer Stunde. Ruhe und Frieden beherrschen die Szene. Das Muttertier bleibt ganz nah bei seinem Nachwuchs, berührt ihn, riecht an ihm und leckt ihn ab. Nach einer Weile gehen die beiden auf eine Baumgruppe zu; das Neugeborene wirkt allerdings noch recht unsicher auf den langen Beinen.

abseits der Herde. Die Wehen folgen in kurzen Abständen aufeinander. Das Baby beginnt gerade aus dem Mutterleib herauszutreten. In einem solchen Moment ist die Gazelle extrem verwundbar. Was geschieht, wenn nun plötzlich eine Raubkatze auftaucht? Sie selbst könnte fliehen, doch was wird dann aus ihrem Jungen? Ein kleineres Raubtier wie einen Schakal könnte sie vielleicht in die Flucht schlagen, doch dabei würde sie eine Verletzung riskieren. Das Dilemma ist überall das Gleiche: Wie weit soll ein Muttertier zum Schutz seiner Jungen gehen?

Die Gazelle hat ihr Junges ganz sanft und offenbar ohne Schmerzen geboren. Mittlerweile weiß man, dass der Geburtsvorgang die Mutterliebe anregt. Die extremen Muskelkontraktionen, die der eigentlichen Geburt vorausgehen, senden Signale an das Gehirn der Mutter, die eine Ausschüttung bestimmter Hormone bewirken. Diese Hormone steuern das mütterliche Verhalten gegenüber dem Neugeborenen.

THOMSONGAZELLE
Masai Mara Wildreservat, Kenia
An einem bewölkten Nachmittag bringt diese Thomsongazelle mitten im weiten Grasland ihr Junges zur Welt. Die Geburt verläuft scheinbar mühelos und dauert nur knapp eine Minute. Sofort versorgt die Mutter das Neugeborene. Sie befreit es aus der Fruchtblase, reinigt es vom Fruchtwasser und frisst die Nachgeburt.

Erstversorgung Die junge Gazellenmutter ist fasziniert von dem Geschöpf, das sie soeben geboren hat. Augenblicklich macht sie sich an die Arbeit. Sie befreit das Junge aus der Fruchtblase, leckt das Fruchtwasser ab und frisst gierig die Nachgeburt und die Geburtshüllen. Nicht nur Fleischfresser verzehren die Nachgeburt, auch Pflanzenfresser, die sich sonst ausschließlich mit pflanzlicher Nahrung begnügen, tun es; zu dieser Gruppe gehören auch die meisten Primatenarten. Die Schimpansen beispielsweise fressen die Nachgeburt genussvoll mit einigen Blättern. Die Gazellenmutter beginnt das feuchte Fell ihres Neugeborenen trockenzulecken. Das Lecken stimuliert die Atmung und andere lebenswichtige Funktionen. Die Gazelle erforscht zudem den Geruch ihres Jungen und lauscht auf seine Laute.

THOMSONGAZELLE
Masai Mara Wildreservat, Kenia
Die Mutter erkundet ihr Junges. Eine andere Gazelle kommt neugierig näher. Durch Berühren und Beschnuppern macht sie sich mit dem Neugeborenen vertraut.

DEFASSA-WASSERBOCK
Masai Mara Wildreservat, Kenia
Eines Abends beobachten wir inmitten des Graslands der Masai Mara dieses Wasserbockweibchen und sein Neugeborenes. Sie liegen abseits der Herde. Das Kleine macht taumelnd seine ersten Schritte, bleibt aber immer ganz dicht an der erkennbar erschöpften Mutter. Doch sobald das Junge die körperliche Nähe der Mutter sucht, antwortet sie darauf zärtlich mit einem langen Zungenschlecken.

Das Neugeborene beschützen Gleich nach der Geburt handelt das Gazellenbaby rein instinktiv. Zunächst versucht es sich auf seine Beine zu stellen. Nach nur wenigen Fehlversuchen gelingt ihm das. Anschließend sucht es nach den Zitzen seiner Mutter. Es trinkt und läuft dann um seine Mutter herum. Danach kauert es sich nieder, das Kinn am Boden. Die Mutter überzeugt sich davon, dass ihr Kleines vor den Blicken der Raubtiere verborgen ist, und entfernt sich scheinbar unbekümmert zum Grasen. Sie geht aber nie weit weg und behält ihr Neugeborenes immer im Auge. Ihre vermeintliche Sorglosigkeit beim Weiden ist nicht echt, ständig lauert sie auf Gefahren. Nur sie weiß, wo ihr Junges versteckt liegt. Sie hofft, dass das so bleibt.

Erstes Kennenlernen Ein trächtiges Gnuweibchen schickt sich an, zu gebären. In der Nähe seiner Kameradinnen legt es sich auf den Boden. Um die Überlebenschancen zu erhöhen, schließen sich die trächtigen Weibchen zu einer Gruppe zusammen und bringen ihre Jungen gleichzeitig zur Welt. Bei einer großen Anzahl von Jungtieren sind die Chancen für den eigenen Nachwuchs wesentlich größer, von Raubtieren verschont zu werden. Zu ihrem eigenen Schutz und dem des Neugeborenen kann das Weibchen die Geburt sogar hinauszögern. Es wartet darauf, dass andere das Risiko eingehen und als Erste gebären. Die angehende Gnumutter ist angespannt. Sie hat die Geburtswehen so lange wie möglich unterdrückt, doch nun ist die Geburt nicht mehr aufzuhalten. Sie kann nur hoffen, dass sie bei den anderen Weibchen eine Kettenreaktion auslöst, sodass sie selbst nicht mehr das alleinige Angriffsziel ist. Das schutzlos ausgelieferte Weibchen blickt sich nervös nach eventuellen Raubtieren um, seine unruhigen Augen sind weit aufgerissen. Abwechselnd presst es und lässt locker. Die Kontraktionen werden immer heftiger, bis endlich ein glänzender Körper und der Kopf eines kleinen, völlig verwirrten Gnus erscheinen.

Das Neugeborene legt eine Pause ein, als es halb auf dem Weg nach draußen ist. Es blinzelt in das blendende Tageslicht und nimmt alles Unbekannte in sich auf. Genau in diesem Moment dreht die Mutter ihren Kopf und saugt seinen Geruch ein. Es ist die erste Begegnung und ein erster Schritt in dem kurzen, wunderbaren Prozess des gegenseitigen Kennenlernens.

In diesem flüchtigen und sehr ergreifenden Augenblick reagieren die Mutter und das Junge hochempfindlich auf alle Sinnesreize, seien es Gerüche, Bilder oder Geräusche. Beide prägen sich die einmaligen Kennzeichen des jeweils anderen ein. Nachdem sie sich einige Minuten lang beschnuppert haben, kann das kleine Gnu seine Mutter inmitten von Tausenden Gnus wiedererkennen – und umgekehrt.

GNU
Masai Mara Wildreservat, Kenia
Aufmerksam betrachtet die Gnumutter ihr Neugeborenes. Aus dem Bündel, das sie zur Welt gebracht hat, lösen sich Beine und man hört sanfte Laute. Das Kleine versucht verzweifelt, aufzustehen, doch die Mutter schaut nur zu; instinktiv weiß sie, dass sie nicht zu helfen braucht. Schließlich gelingt es ihrem Nachwuchs, sich auf die noch wackeligen Beine zu stellen. Die Mutter beschnuppert und putzt das Junge. Nach der Reinigung steht das Kleine schon sehr sicher auf den Beinen. Dann macht es in weniger als drei Minuten drei lebenswichtige Dinge: Es trinkt, geht und rennt.

GNU
Serengeti Nationalpark, Tansania
Im März beobachten wir eines Abends diese Mutter mit ihrem Jungen, wie sie mitten in der Herde über die Ebene jagen. Obwohl das Junge mit Sicherheit noch keine zwei Wochen alt ist, kann es der Mutter bereits im Galopp folgen.

Mutter und Kind verschmelzen zu einer Einheit. In den kurzen und doch so entscheidenden ersten Augenblicken löst ein Hormonschub eine Fülle von mütterlichen Instinkten aus. Wenn die Mutter diesen Moment des Kennenlernens verpasst, wird sie ihr Junges verstoßen. Auch das Neugeborene ist darauf programmiert, einem einzigen erwachsenen Tier zu folgen, von dem es sich nie trennt, auch wenn dieses Tier gar nicht seine wahre Mutter ist.

Für Gnus und Pflanzenfresser im Allgemeinen sind ein sicheres Erkennen und ein frühes Zusammengehörigkeitsgefühl überlebenswichtig. Die Tiere leben in großen Herden, deren Zusammensetzung sich ständig verändert. Eine Mutter und ihr Junges werden manchmal durch Bewegungen innerhalb der Gruppe getrennt. Die Mutter muss daher sicherstellen, dass ihre wenigen Nahrungsreserven ihrem eigenen Jungen zugute kommen und nicht einem fremden. Auch die Bedrohung durch Fressfeinde ist allgegenwärtig; überall könnten sie auf der Lauer liegen. Das Neugeborene wäre für sie eine willkommene Beute.

KAFFERNBÜFFEL
Masai Mara Wildreservat, Kenia
An einem wolkigen Morgen ruht sich eine kleine Gruppe von Kaffernbüffeln beim Wiederkäuen aus. Ein junges Kalb ist dabei in der Geborgenheit der mütterlichen Nähe eingeschlafen.

Ermutigung Die junge Gnumutter ist aufgestanden und entfernt sich einige Meter von ihrem Nachwuchs. Das Bündel, das sie zur Welt gebracht hat, streckt die Beine aus. Man hört ein leises Rufen. Das Neugeborene bemüht sich ungeschickt, aufzustehen, doch die Mutter verharrt unbeweglich. Wieder probiert das Kleine erfolglos, sich aufzurichten. Nach mehreren Versuchen steht es schließlich zittrig auf seinen vier, noch feuchten Beinen. Und wiederum ist die Schwerkraft stärker, es fällt vor den Augen seiner Mutter zurück auf den Boden. Erneut steht es auf und macht einige zaghafte Schritte in Richtung Muttertier, auf der Hälfte des Weges knickt es jedoch ein. Sein Instinkt sagt ihm, dass es wieder aufstehen muss, und es nähert sich der Mutter. Sie macht einige Schritte rückwärts und das Kleine geht erneut in die Knie. Auch die nächsten drei Versuche missglücken. Beim vierten Mal scheint das Junge an Sicherheit zu gewinnen. Die zufriedene Mutter wartet, bis das Junge taumelnd bei ihr angelangt ist, und zeigt ihm dann mit der Schnauze, wo es trinken kann. Für die kleinen Gnus ist das Laufen und das spätere Galoppieren überlebenswichtig, denn überall lauern schnelle Räuber. Je früher das Neuge-

STEPPENZEBRA
Masai Mara Wildreservat, Kenia
Während seine Mutter grast, liegt das Neugeborene auf der Erde. Nun ist es Zeit, weiterzuziehen. Die Stute geht auf ihr Junges zu, das die Botschaft sofort versteht, aufsteht und ihr folgt.

borene sicher auf den Beinen steht, umso größer sind seine Chancen, nicht von einem der vielen Raubtiere gerissen zu werden. Nach nur knapp fünfzehn Minuten kann ein Gnukind neben seiner Mutter herlaufen. Die Gnumutter leckt ihr Junges ab und beschnuppert es mehrmals. Es bleibt ihr dicht auf den Fersen: Wenn sie sich hinlegt, legt auch das Kleine sich hin; wenn sie galoppiert, versucht es etwas ungelenk ihre Geschwindigkeit zu halten. Sie sind unzertrennlich.

Die ersten Augenblicke bei Raubtieren Wenn das kleine Löwenjunge blind und hilflos aus dem Schoß der Mutter gleitet, wird es von einer Fülle von Gerüchen und Reizen empfangen. Sofort holt die Mutter das völlig orientierungslose Bündel mit ihren Tatzen zu sich heran, kommt mit ihrer Schnauze näher und leckt es leidenschaftlich ab. Damit reinigt sie ihr Junges nicht nur vom Fruchtwasser und von den Plazentaresten, sondern regt auch seine Nerven an, was für die ersten Atemzüge besonders wichtig ist.

Während die Tragzeit bei Gnus neun Monate beträgt, wird das Löwenjunge nur dreieinhalb Monate ausgetragen. Bei der Geburt ist ein Gnu schon recht groß, das Löwenbaby dagegen winzig. Die kleinen Pflanzenfresser sind bei der Geburt wesentlich weiter entwickelt als die kleinen Raubtiere; bei Letzteren muss nach der Geburt insbesondere das Nervensystem noch ausreifen. Es ist daher nicht erstaunlich, dass ein Löwenjunges in den ersten Tagen ziemlich tapsig ist, häufig taumelt und hinfällt. Erst wenn das Nervensystem voll entwickelt ist, kann es seine Gliedmaßen kontrolliert bewegen.

Die neugeborenen Primaten Die Neugeborenen der Primaten kommen mit offenen Augen auf die Welt. Sie klammern sich sofort an das Fell ihrer Mutter. Dieses kraftvolle Festhalten ist ein instinktiver Reflex. Sie können auch von der ersten Minute an saugen. Obwohl das Gehirn bei der Geburt schon relativ groß ist, wächst es auch später noch weiter. Die Primatenbabys sind sehr neugierig und erforschen ihre Umwelt fast augenblicklich mit ihren Augen und Händen. Gleichzeitig achten sie aber darauf, dass sie stets Körperkontakt zur Mutter halten. Ein junger Affe lässt seine Mutter niemals alleine weggehen. Er schreit, beißt und schlägt um sich, um bei ihr bleiben zu können.

ORANG-UTAN
Gunung Leuser-Nationalpark, Indonesien
Der kleine, ein paar Wochen alte Orang-Utan ist fertig mit dem Trinken. Im Schoß der Mutter sitzend, beobachtet er fasziniert das Treiben im Urwald.

FLUSSPFERD

Masai Mara Wildreservat, Kenia

Eine Mutter und ihr Junges tauschen in üppiger Vegetation zärtliche Nasenstüber aus. Die meisten Flusspferdbabys werden im Wasser geboren. Sie können von Geburt an schwimmen und kommen instinktiv zum Atmen an die Wasseroberfläche. Das Neugeborene ist in Sicherheit, solange die Mutter in seiner Nähe ist. Wenn man den beiden zu nahe kommt, kann das Muttertier sehr aggressiv werden.

Die niedlichen Kleinen

Armes Kleines Nachdem die Gepardin ihre eine Woche alten Jungen gesäugt hat, blickt sie sich nach möglichen Gefahren um und verlässt schließlich das Wurflager, um eine Gazelle zu jagen. Die Gepardenkinder sind blind und extrem verwundbar. Sie kriechen in den hintersten Winkel des Lagers, jammern ein bisschen und versuchen sich gegenseitig warm zu halten. Nach einer Weile schlafen sie ein. Im Bauch der Mutter lebt das Ungeborene in totaler Geborgenheit, weitab von allen Gefahren. Es hatte sein eigenes, kleines Paradies *in utero,* wo es mit Sauerstoff und Nahrung versorgt wurde. Durch die Geburt wird der Fetus unsanft in eine kalte, feindliche Welt gestoßen. Mit der Durchtrennung der Nabelschnur, die das Neugeborene mit der Plazenta verband, verliert es plötzlich sämtliche Sicherheiten. Nahrung, Geborgenheit und Wärme sind keine Selbstverständlichkeit mehr. Kein Wunder also, dass der kleine Gepard in seiner Blindheit und Schutzlosigkeit so verloren wirkt.

Die Mutter bedeutet Leben Für ein Jungtier in der Wildnis ist die Mutter alles, was es braucht. Tagtäglich versorgt sie das Kleine mit Nahrung, putzt es und spendet ihm Wärme. Doch damit nicht genug: Sie hat auch großen Einfluss auf Gesundheit, Entwicklung und Wohlbefinden ihres Nachwuchses. Betrachten wir beispielsweise die Giraffen. Wenn es dem Giraffenjungen zu heiß wird, läuft es Gefahr, auszutrocknen. Daher achtet die Giraffenmutter darauf, dass ihre Jungen sich im kühlen Schatten aufhalten. Interessant ist auch, dass bei den Raubtieren die Menge der ausgeschütteten Wachstumshormone proportional zur Anwesenheit der Mutter ist: Je häufiger sie da ist, desto mehr Hormone werden ausgeschüttet. Gleichzeitig hat der körperliche Kontakt mit der Mutter eine beruhigende Wirkung auf die Jungen. Für ein Jungtier ist die Anwesenheit der Mutter erste Voraussetzung für das Überleben in der Wildnis. Wenn es verwaist, ist sein Tod fast unausweichlich.

Vorhergehende Doppelseite
LEOPARD
Masai Mara Wildreservat, Kenia
Zawadi lässt ihre beiden Jungen allein und geht jagen. Zehn Stunden später kommt sie bei Einbruch der Dunkelheit zurück. Sie begrüßt sie zärtlich und leckt sie ausgiebig ab. Müde streckt sie sich aus. Doch eines der Jungen kann nicht einschlafen und schmiegt sich an die Mutter, die zwar entspannt ist, aber immer wachsam bleibt.

LÖWE
Masai Mara Wildreservat, Kenia
Die Löwinnen des Bilashakarudels haben sich zusammengeschlossen. Eines Morgens sehen wir, wie sie die Kleinen beim Spielen beobachten. Mascara nähert sich einem ihrer Löwenjungen, das sich etwas zu weit entfernt hat, und achtet darauf, dass es ihre Anwesenheit spürt. Das Löwenjunge freut sich offenkundig über die ihm geschenkte Aufmerksamkeit. Für Mascara ist es nicht das erste Junge, sie ist eine erfahrene Mutter.

LÖWE
Masai Mara Wildreservat, Kenia
Am Ende des Nachmittags geht die Siesta des Bilashakarudels langsam zu Ende. Die Löwenjungen machen im Gegensatz zu ihren Müttern einen recht munteren Eindruck. Eine Löwin stützt ihren Kopf bequem auf dem Rücken ihres Jungen ab.

Nachfolgende Doppelseite
LÖWE
Masai Mara Wildreservat, Kenia
Frühmorgens beobachten wir diese Löwin, die mit ihrem Jungen an uns vorübermarschiert. Der junge Löwe trottet vor seiner Mutter her. Spielerisch stupst sie ihn in die Seite.
Etwas später bleibt das Junge stehen und erkundet die Umgebung, während seine Mutter weiterläuft. Das zurückgelassene Löwenkind maunzt, bis die Mutter es hört, anhält und auf ihr Junges wartet.

Verführungskünste — Obwohl die Mütter bei der Pflege der Kleinen ihren Instinkten gehorchen, verteilen sie ihre Aufmerksamkeit nicht gleichmäßig auf alle Jungen. Letztere kennen mehr als einen Trick, um ihre Zuwendung zu erobern. Zunächst werden die Instinkte der Mutter lediglich über die ersten Sinnesreize geweckt. Später können die Jungen ihre Trümpfe ausspielen, die sie in Millionen von Jahren der Entwicklungsgeschichte erworben haben. Das Ergebnis dieser Entwicklung ist ein niedliches Kleines, dem die Mutter hoffnungslos verfallen muss.

Fakt ist: Tierbabys sind zum Anbeißen. Die Löwenjungen mit ihren kurzen Beinen, dem großen Kopf, den großen, braunen Augen und der Stupsnase sind einfach putzig. Liebevoll beobachtet die Löwin ihre ungeschickten, tollpatschigen Bewegungen. Auch ihr Geruch und die leisen Rufe sind herzerwärmend. Ihre verspielte Natur weckt immer wieder aufs Neue mütterliche Instinkte. Allgemein sagt man, dass in einem Wurf bei gleichen Voraussetzungen der Stärkste überlebt; in Wirklichkeit ist es jedoch der Niedlichste.

Fellfärbung — Bestimmte Signale sichern den Primatenbabys das Überleben, denn sie dienen als Auslöser für das mütterliche Pflegeverhalten. Ein schmächtiger Körper, ein großer, runder Kopf, ein tollpatschiger Gang und eine für Neugeborene typische Fellfärbung zeigen an, dass ein Tier schutzbedürftig ist. Manche Primatenjungen haben bei der Geburt sehr ausgefallene Merkmale wie z.B. eine haarlose Schnauze oder ein Fell, das eine völlig andere Farbe als das der erwachsenen Tiere hat. Das »Geburtskleid« ist von Art zu Art verschieden. Erst im Alter von neun bis zwölf Monaten bekommt das Junge sein eigentliches Fell.

Die Brillenlanguren bringen Junge zur Welt, deren hellgelbes oder orangefarbenes Fell sich deutlich vom braunen Fell der Mutter abhebt; die Kinder der Roten Languren sind weiß mit einem dunklen Rückenstreifen, der in einem deutlichen Kontrast zum orangefarbenen Fell der erwachsenen Tiere steht; die Bärenmakaken sind bei der Geburt ebenfalls weiß und bekommen erst allmählich ein braunes Fell; auch ein junger Haubenlangur ist wesentlich heller als seine Mutter. Es ist augenscheinlich, dass die Fellfarbe der Primatenbabys Beschützerinstinkte bei den ausgewachsenen Tieren weckt. Sie verschafft den Jungen die nötige Zuwendung in einem Lebensabschnitt, in dem sie noch sehr abhängig sind. Da der Nachwuchs vom ersten Tag an von allen Weibchen einer Gruppe versorgt wird, kann man mit dieser Theorie die auffällige Fellfärbung der Neugeborenen bei bestimmten Langurenarten einleuchtend erklären.

GIRAFFE
Masai Mara Wildreservat, Kenia
Tagsüber lassen die Giraffenmütter ihre Jungen häufig in der Obhut anderer Herdenmitglieder zurück und machen sich auf die Suche nach nahrhaften Blättern. Bei ihrer Rückkehr berührt die Mutter ihr Junges liebevoll mit der Nase, während ein weiteres Giraffenkind ihnen dabei zusieht. Es ist schon über zwei Meter groß und wird bald gemeinsam mit der Mutter weiden.

Nachfolgende Seiten
BRILLENLANGUR
Indonesien
Die Brillenlanguren sind braun bis schwärzlich und haben rötlich gefärbte Junge; nur eine Unterart ist rotbraun und hat schwarze Kinder. Die Neugeborenen werden im Allgemeinen von allen Weibchen und heranwachsenden Tieren der Gruppe aufgezogen.

NASENAFFE
Borneo
Die Schnauze der Mutter ist rosa, die des Jungen blau. Erst im Alter von drei Jahren wechselt die Farbe. Nasenaffen gehören zu den stark bedrohten Tierarten.

Die Tierkinder sehen nicht nur niedlich aus, sie versuchen zusätzlich die Mutter vom ersten Moment an mit allen Tricks für sich einzunehmen. Beobachtet man eine Raubtiermutter mit ihrem Jungen, erkennt man, wie ihr Nachwuchs immer wieder versucht, körperlichen Kontakt zu ihr herzustellen. Auch wenn sie ihm deutlich ihr Missfallen zu verstehen gibt, lässt er nicht locker.

Rivalitäten unter Geschwistern Erbittert kämpfen die Raubtierkinder um die Aufmerksamkeit der Mutter. Instinktiv versuchen die Geschwister, sich gegenseitig auszustechen, und machen mit Jammern auf sich aufmerksam. Gleichzeitig entwickeln sie auch typisch kindliche Züge: Sie sind verwegen, übermütig und manchmal auch störrisch. Zwei kleine Hyänen aus dem gleichen Wurf rivalisieren vom ersten Tag an heftig um die Gunst der Mutter. In dem dunklen Bau, in dem sie geboren wurden, wird eines der beiden Jungen im Verlauf der Tage und Wochen das andere angreifen und peinigen. Der Kampf unter den Geschwistern kann auch tödlich enden: Ein

GUEREZA
Kenia
Obwohl es noch keine zwei Wochen alt ist, vertraut seine Mutter ihr Junges bereits einem anderen Weibchen der Gruppe an. Die Pflegemutter kümmert sich zwischen vier und fünf Stunden pro Tag um das Neugeborene. Der Zusammenhalt innerhalb der Affengruppe ist sehr stark und wahrscheinlich sind die Pflegemutter und die echte Mutter sogar Schwestern.

Junges kann direkt getötet werden oder es kann in diesem makaberen, brudermörderischen Spiel verhungern.

Die meisten Primaten gebären ein einzelnes Junges und es dauert eine geraume Zeit, bis sie erneut Nachwuchs bekommen – fünf Jahre bei den Orang-Utans und noch länger bei den Schimpansen. Obwohl sie Einzelkinder sind, betteln die Affenbabys unablässig um Aufmerksamkeit und Zuwendung. Doch vor was könnten sie Angst haben? Vor dem Ungeborenen natürlich! Denn die Primatenmutter hält unbewusst Reserven für den nächsten Nachwuchs zurück. Das Junge will jedoch, dass sie all ihre Energien ihm widmet, und zwar sofort. Um dieses Ziel zu erreichen, benutzt es alle Tricks, die es kennt, und appelliert an ihre Gefühle.

KLAMMERAFFE
Brasilien
Eine Mutter beschützt ihr Neugeborenes. Die Schnauze des Kleinen ist rosa. Die Farbe ist ein Merkmal seiner Verwundbarkeit und signalisiert den anderen Weibchen, dass es umsorgt werden muss.

KLEIDERAFFE
Vietnam
Während die Mutter ein erdfarbenes Gesicht mit weißer Schnauze hat, ist das Gesicht des Jungen, abgesehen von zwei hellen Linien unter den Augen, schwarz. Die Kleideraffen sind vom Aussterben bedroht.

Gegenseitige Anziehungskraft

Man kann beobachten, dass Primatenweibchen Babys unwiderstehlich finden. Es kommt sogar vor, dass junge Weibchen den Nachwuchs eines Muttertiers entführen: Bei den Husarenaffen stehlen junge Weibchen manchmal die Kleinen der ranghöheren Mütter, und Pavianweibchen wollen ständig die Babys anderer Weibchen herumtragen. Auch ein verwaistes Schimpansenkind wird meist von einem verwandten Weibchen adoptiert.

Es gibt eine einfache Erklärung für dieses auffällige Interesse an fremden Kindern: Die zukünftige Mutter will Erfahrungen sammeln. Die wahren Beweggründe sind noch vielschichtiger: Obwohl die Primatenmütter auf hormonelle Veränderungen reagieren, ist ihr Verhalten nicht vorprogrammiert. Verantwortlich für ihr Tun ist die Struktur des Neocortex, dem jüngsten Teil ihres hoch entwickelten Gehirns. Dieser Gehirnbereich ermöglicht es den Primatenmüttern, in einer bestimmten Situation auf verschiedene Weise zu reagieren, was die Raubkatzen beispielsweise nicht können. Da die Reaktionen aber nicht mehr festgelegt sind, ist es umso wichtiger, Erfahrungen zu sammeln und beispielsweise den Umgang mit Kindern zu lernen. Je mehr unterschiedliche Situationen die Primatenmütter kennen lernen, umso besser können sie damit umgehen. Durch Erfahrungswerte werden im Gehirn neue Nervenverbindungen geknüpft. In diesem Zusammenhang ist es daher nicht erstaunlich, dass auch die Primatenkinder sehr sensibel auf das Verhalten der Mutter reagieren. Sie merken sofort, ob sie aufmerksam oder nachlässig ist. Wenn die Primatenmütter ihre Jungen von Anfang an mit Aufmerksamkeit überschütten würden, wären die Kinder wahrscheinlich weniger empfänglich für ihre Signale.

Ständig bemüht sich das Primatenjunge um die Aufmerksamkeit der Mutter und will keine Sekunde von ihr getrennt werden. Es scheint ihm fast ein Grundbedürfnis zu sein, alle mütterliche Energie auf sich zu konzentrieren. Es ist wohl das Ergebnis der jahrtausendelangen natürlichen Auslese, in deren Verlauf höchstwahrscheinlich die Tiere begünstigt waren, die in engem Kontakt zu ihrer Mutter standen. Im Prinzip ist es nur natürlich, dass ein Junges die Nähe der Mutter sucht, denn sie bedeutet Schutz, Nahrung, Wärme, Geborgenheit, Erziehung und Rückhalt. Die Kinder, die immer in der Nähe ihrer Mutter bleiben, erhalten die für sie so wichtige Aufmerksamkeit und Zuneigung, die nur eine erfahrene Mutter spenden kann.

Vorhergehende Doppelseite
LEOPARD
Masai Mara Wildreservat, Kenia
Wenn Zawadi ihre Neugeborenen putzt, leckt sie deren Körper ab und zieht an ihrem Fell. Leider wird sie trotz aller Sorge und Wachsamkeit eine Woche später ein Junges verlieren.

WEISSHANDGIBBON
Gunung Leuser-Nationalpark, Indonesien
Ein Weibchen ruft, während sein Junges sicher in ihrem Schoß sitzt. Sein Schrei endet in einem alarmierenden, sirenenähnlichen Kreischen, das durch den ganzen Wald schallt. Das Junge bleibt mehrere Jahre lang in der Obhut der Mutter. Es wird mit zwei Jahren entwöhnt.

AFRIKANISCHER ELEFANT
Masai Mara Wildreservat, Kenia
Eines Abends entdecken wir im Sumpfland eine Elefantenfamilie, die in aller Ruhe Wasserpflanzen frisst. Ein Elefantenkind, das für diese Nahrung nicht viel übrig hat, findet schnell ein erwachsenes Tier, das mit ihm spielt. Bei den Elefanten sind es meist die ältesten Tiere der Gruppe, die mit den Jungen spielen, sie führen und sie beschützen.

Oben
ANUBISPAVIAN oder **GRÜNER PAVIAN**
Masai Mara Wildreservat, Kenia
Das Pavianbaby spielt auf einem umgestürzten Baumstamm in Reichweite seiner Mutter, als ein zweites Weibchen des Rudels näher kommt. Es versucht, durch Schmatzgeräusche die Aufmerksamkeit des Kleinen zu erregen, doch aus Furcht vor der Reaktion der Mutter wagt das zweite Weibchen nicht, das Junge auf den Arm zu nehmen.

Rechte Seite
ANUBISPAVIAN
Masai Mara Wildreservat, Kenia
Einige Mütter verlassen mit ihren Jungen den Schlafplatz im Baum und lassen sich von den ersten Sonnenstrahlen wärmen. Ein Neugeborenes beobachtet zwei andere Tierkinder beim Spielen. Fasziniert schaut es zu, doch noch scheint es lieber bei der Mutter zu bleiben.

In einer harmonischen Beziehung zwischen einem Primatenkind und seiner Mutter müssen beide empfänglich sein für die Signale des anderen und auch selbst klare und deutliche Signale geben. Die Mütter, die am sensibelsten auf die Angst- und Hungerschreie ihrer Jungen reagieren, passen ihr Verhalten normalerweise auch am besten der jeweiligen Situation an, was den Nachwuchs und seine Überlebenschancen sichert. Gleichzeitig wird es das Junge, das die Anweisungen seiner Mutter versteht und sie umsetzt, im Leben leichter haben.

Es sieht so aus, als ob die aufmerksamsten Mütter die ausgeglichensten Kinder hätten. Die Jungen bekommen ein grundlegendes Gefühl von Sicherheit vermittelt, das sie schon früh für ihre Umwelt sensibilisiert. Wir Menschen nennen diese gegenseitige Aufmerksamkeit Liebe; sie ist für uns die stärkste gefühlsmäßige Bindung.

IMPALA
Samburu Wildreservat, Kenia
Eine Gruppe weiblicher Impalas genießt den Schatten. Einige Weibchen ruhen sich aus, während eine Mutter und ihr Junges Zärtlichkeiten austauschen und damit ihr Zusammengehörigkeitsgefühl stärken.

Nachfolgende Doppelseite
ORANG-UTAN
Samburu Wildreservat, Kenia
Das Orang-Utan-Neugeborene klammert sich an das Fell seiner Mutter und beobachtet von dort aus das Leben im Urwald.
Versonnen betrachtet Suma ihr Kleines beim Saugen. Auf ihrem Gesicht und in ihrer Haltung spiegeln sich eine Menge Gefühle. Möglicherweise wird die mütterliche Zuneigung über Hormone gesteuert und ist während der Stillzeit am größten. Wenn die Mutter ihr Junges entwöhnt oder wenn sie erneut ein Baby erwartet, wird sich die hormonelle Zusammensetzung in ihrem Blut entsprechend anpassen.

GEPARD
Masai Mara Wildreservat, Kenia
Am Ende des Tages hält die Gepardenmutter von einem Erdhügel aus Ausschau nach Beute. Eines der drei Jungen wacht auf. Überrascht vom mütterlichen Gähnen kommt es nur zögernd näher und lässt sich dann ausgiebig ablecken.

KAFFERNBÜFFEL
Masai Mara Wildreservat, Kenia
Früh am Morgen macht sich eine Büffelherde im hohen Gras fertig zum Aufbruch. Die Mütter und ihre Jungen haben innerhalb der Gruppe einen festen Platz.

AFRIKANISCHER ELEFANT
Masai Mara Wildreservat, Kenia
Beim Weiden behält die Elefantenmutter ihr Neugeborenes, das offensichtlich keine Lust zum Herumstreunen hat, immer im Auge.

Die Ernährung des Neugeborenen

Jederzeit trinkfertig Das Neugeborene einer Gazelle, eines Geparden oder eines Orang-Utans wird seinem Vater kaum je begegnen. Das macht ihm aber nichts aus, denn die Mutter gibt ihm alles, was es braucht. Bei allen Säugetieren ist die Ernährung der Jungen in den Genen der Mutter und nicht in denen des Vaters festgeschrieben. Durch den biologischen Prozess, der zur Befruchtung und Trächtigkeit bei Säugetieren führt, ist die Mutter der einzige Elternteil, der mit Sicherheit weiß, dass die Kinder von ihm sind. Die Männchen dagegen kümmern sich nur zögerlich um den Nachwuchs, der ja unter Umständen gar nicht ihrer ist. Es ist daher nicht verwunderlich, dass die Säugetiermutter meistens, wenn auch nicht immer, allein erziehend ist.

Die Jungen kommen mit nur einem Elternteil gut zurecht, denn die Muttermilch deckt sämtliche Bedürfnisse, bis sie feste Nahrung zu sich nehmen können. Sie enthält alle Nährstoffe, die das Kleine zum Wachsen braucht, ist steril und kommt in der richtigen Temperatur aus der Zitze. Wichtig ist auch, dass die Nahrung an jedem Ort und zu jeder Zeit verfügbar ist.

Kalorien für die Mutter Eine säugende Mutter hat einen erhöhten Nahrungsbedarf. Das bereitet häufig Schwierigkeiten. Nehmen wir zum Beispiel die Gepardenmutter, die wir eines Tages in der Masai Mara antreffen. Sie hat einen Wurf von vier Jungen, die sie in den ersten acht Lebenswochen in wechselnden Verstecken unterbringt. Dort können sie in aller Ruhe heranwachsen und Kräfte sammeln für das Wanderleben, das ihnen bevorsteht. In der ersten Zeit sind die Kleinen völlig hilflos. Damit die Gepardin ihren Nachwuchs ausreichend ernähren kann, muss auch sie selbst genug fressen und mehr Gazellen jagen als sonst. Doch die Gazellen folgen ihrem eigenen Instinkt und ziehen in Regionen mit grünem Gras. Das ist ein Problem für unsere Gepardin, da sie ihr Jagdrevier ständig wechseln muss und sich damit immer weiter von ihrem Lager entfernt. Sie hat aus diesem Grund beschlossen, ihre Jungen in ein näher gelegenes Versteck zu bringen, damit sie auf der Jagd nach

Vorhergehende Doppelseite
LEOPARD
Masai Mara Wildreservat, Kenia
Gerade als die Leopardin Half Tail ihre beiden Jungen eines nach dem anderen in einen anderen Teil ihres Reviers bringen will, wird sie vom Regen überrascht. Nach dem Regenguss putzt sie die Kleinen zärtlich, bevor sie gesäugt werden.

AFRIKANISCHER ELEFANT
Masai Mara Wildreservat, Kenia
Während sie einen kargen Weideplatz nach Fressen absucht, hält die Elefantin an und lässt ihr Junges saugen.

Gazellen nicht immer noch weitere Strecken zurücklegen muss. Sie transportiert ihren verwundbaren Nachwuchs einzeln in seine neue Bleibe. Noch vor der Dämmerung hat sie es geschafft. Am nächsten Morgen sehen wir einen Löwen, der auf das neue Versteck zusteuert und ein Junges nach dem anderen tötet. Die hilflose Mutter beobachtet ihn ängstlich. Nachdem der Löwe abgezogen ist, schlüpft sie, nichts Gutes ahnend, in das Versteck. Sichtbar schockiert betrachtet sie das Gemetzel. Dennoch ruft und sucht sie unablässig und hofft auf ein Lebenszeichen von einem ihrer Jungen. Bei Einbruch der Nacht sucht sie immer noch, doch sie ruft nicht mehr. Sie maunzt verzweifelt. Wenn Gepardenmütter weinen könnten, würde sie laut schluchzen.

Marathon-Mütter Es ist bekannt, dass die weibliche Fleckenhyäne im Allgemeinen größer und aggressiver ist als das Männchen. Allerdings wissen nur wenige, wie sehr sie sich für ihren stets fordernden Nachwuchs aufopfert. Bis die jungen Hyänen zwischen dem zwölften und dem sechzehnten Monat entwöhnt werden, sind sie völlig von der Muttermilch abhängig. Von allen Fleisch fressenden Säugetieren werden die jungen Fleckenhyänen am längsten gesäugt.

In der Serengeti bringen zwei Hyänenweibchen einer Herde, ein Leittier und ein untergeordnetes Tier, in der gleichen Woche an zwei verschiedenen Stellen im gemeinsamen Bau ihre Jungen zur Welt. Doch wenn es ums Fressen geht, wird das Muttersein für das rangniedere Weibchen durch die Hierarchie innerhalb der Gruppe zur Belastungsprobe. Wird in der Umgebung ihres Unterschlupfes Beute erlegt, muss die untergeordnete Mutter sich mit den Resten begnügen und die besten Stücke dem Leittier überlassen. Gleich nach der Geburt ihrer Jungen muss das rangniedere Tier daher weiter weg vom Bau auf die Jagd gehen, um ihren erhöhten Nahrungsbedarf zu decken. Nur so kann sie genügend Milch für ihre beiden hungrigen Jungen produzieren. Während sie auf der Jagd ist, leidet ihr Nachwuchs; die Jungen haben nicht nur Hunger, sie müssen auch mit ansehen, wie die Kleinen des ranghöheren Weibchens Milch im Überfluss bekommen. Wenn sie ihr Glück versuchen und sich ihren Zitzen nähern, werden sie gebissen und sofort verjagt. Sie können von Glück sagen, dass sie nicht getötet werden, denn manchmal führt die Konkurrenz unter den Hyänenmüttern auch zu Kannibalismus. Die Hingabe und die Großzügigkeit gegenüber dem eigenen Nachwuchs ist bei den Hyänen sehr ausgeprägt, doch ebenso ausgeprägt sind ihr Egoismus und ihre Grausamkeit gegenüber den Kleinen eines anderen Weibchens.

ORANG-UTAN
Gunung Leuser-Nationalpark, Indonesien
Nach einem heftigen Regenguss beruhigt Suma ihren kleinen Forester, indem sie ihn säugt. Orang-Utan-Mütter säugen ihre Jungen normalerweise fünf Jahre lang, doch wenn sie es erlauben, trinkt der Nachwuchs auch noch länger bei der Mutter.

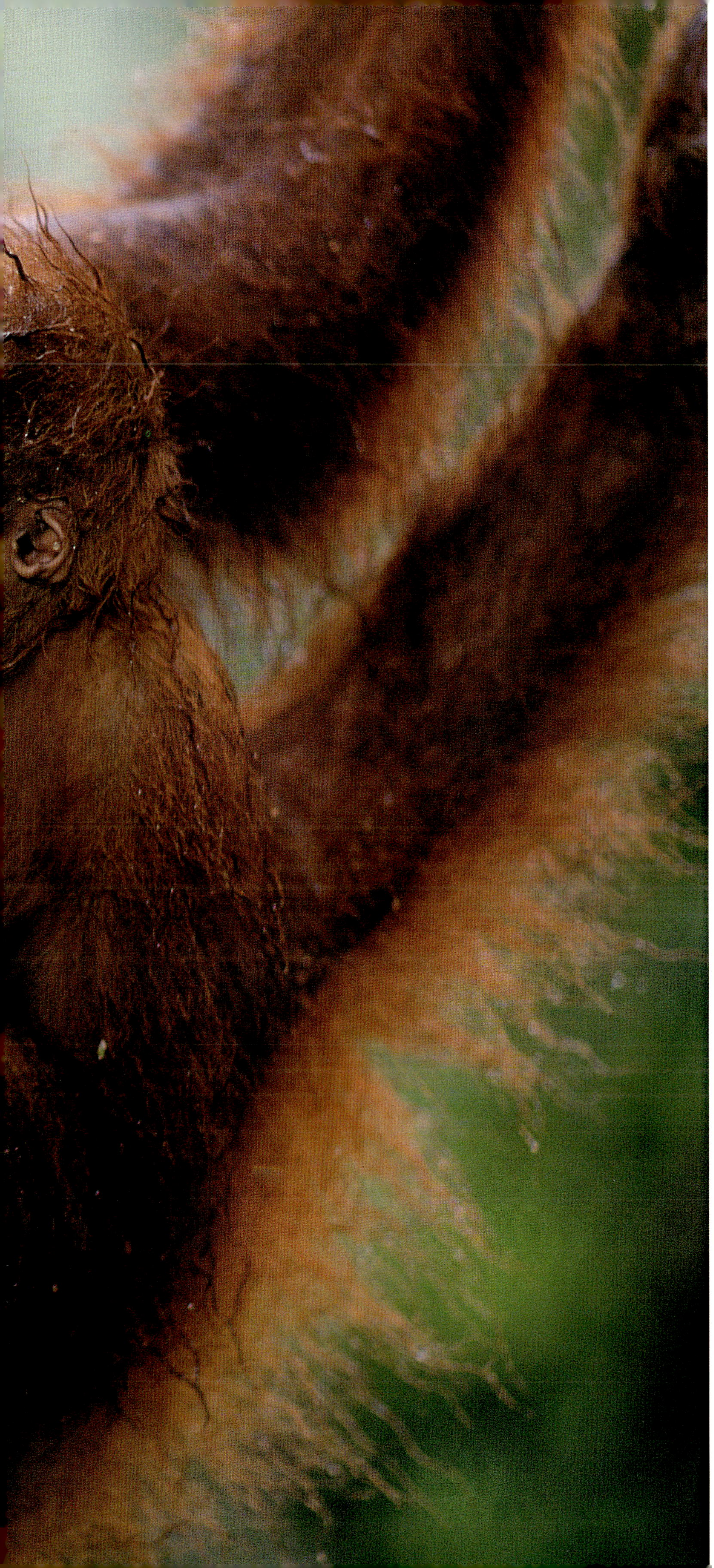

ORANG-UTAN
Gunung Leuser-Nationalpark, Indonesien
Lear legt seine Schnauze an die Lippen seiner Mutter und bettelt um das Fressen, das sie gerade im Mund hat. Im Urwald ist nicht alles genießbar; von seiner Mutter lernt das Junge früh, wie man die richtige Nahrung auswählt.

Die Schwierigkeiten der Hyäne werden noch größer, wenn das Wild sich immer weiter entfernt, und die Strecken, die sie für die Jagd zurücklegen muss, immer länger werden. Das Unvermeidliche geschieht: Die Mutter geht fort und lässt ihren Nachwuchs immer länger alleine. Die erschöpften Jungen warten auf sie und werden immer dünner. Die Marathonstrecken ermüden die Mutter, doch sie gibt nicht auf. Ihre Kleinen starren unablässig auf den Punkt am Horizont, an dem sie verschwand. Als sie schließlich sterben, ist die Mutter immer noch nicht zurück.

Konflikte beim Säugen Gleich nach der Geburt empfinden Mutter und Kind beim Säugen große Genugtuung, denn das Säugen ist überlebenswichtig für das Neugeborene. Meist ist es die Mutter, die ihr Junges beim ersten Mal zum Trinken auffordert. Doch mit wachsender Unabhängigkeit der Kleinen muss sie sie nicht mehr anlocken: Der Nachwuchs will häufiger saugen, als seine Mutter erlaubt. Das führt bei jungen Affen unweigerlich zu kleineren Wutanfällen.

Wutanfälle Mit den Wutanfällen will das Affenkind auf sehr theatralische Weise versuchen, an die Milch der Mutter heranzukommen. Die Wut wirkt zwar ganz spontan, doch sind die Ausbrüche häufig genau berechnet. Die Jungen übertreiben ihre Bedürfnisse und ihre Verwundbarkeit; ihre scheinbar riesengroße Verzweiflung hält sich in Wahrheit in Grenzen. Wenn ein Junges nicht trinken darf, steigert es sich nicht so sehr in die Anfälle hinein, weil es nicht genug bekommt, sondern weil die Mutter ihm die Brust verweigert. In den ersten Monaten ihres Lebens klammern sich die jungen Paviane fest an die mütterliche Brust und trinken fast ständig. Da sie noch sehr klein sind und sich nicht viel bewegen, bereitet es den Müttern keine großen Probleme, sie ununterbrochen zu säugen. Doch sobald sie größer und unruhiger werden, wird das Säugen schwieriger. Wenn dann ein Junges kommt und die Mutter beim Fressen stört, schiebt sie es fort und verweigert ihm die Milch. Zunächst versteht das Junge nicht, was geschieht, und protestiert laut. Doch mit der Zeit passt es sich an und erkennt, dass seine Mutter es nicht vernachlässigt, sondern erzieht.

Die meisten Tierkinder hören von selbst auf, bei der Mutter zu trinken. Manche Mütter müssen aber auch erst zwei oder drei Wutausbrüche inszenieren. Letzten Endes können Mutter und Kind immer froh sein, wenn diese Phase überstanden ist.

GIRAFFE
Masai Mara Wildreservat, Kenia
Das Giraffenjunge ist nun etwas großer und begleitet seine Mutter auf ihrer Nahrungssuche, doch frisst es selbst noch keine Blätter. Mehrmals am Tag wird es von der Mutter gesäugt.

GEPARD
Masai Mara Wildreservat, Kenia
Nachdem er gesäugt wurde, schmiegt der kleine Gepard sich an seine Mutter, die sich ausruht.

LÖWE
Masai Mara Wildreservat, Kenia
Das Löwenjunge, das bei seiner Mutter saugt, erhält die für sein Wachstum nötige Menge Milch. Dennoch wird es anschließend versuchen, auch bei anderen Löwinnen der Gruppe zu trinken.

LÖWE
Masai Mara Wildreservat, Kenia
Normalerweise lassen Löwinnen auch andere Jungen des Rudels trinken, doch diese Löwin scheint fest entschlossen, nur ihren eigenen Nachwuchs saugen zu lassen. Jedes Löwenkind, das nicht zu ihrem Wurf gehört, wird verjagt.

AFRIKANISCHER ELEFANT
Masai Mara Wildreservat, Kenia
Das Junge will trinken, doch die Mutter ist nicht in der Stimmung zum Säugen. Sie grast weiter und schiebt es sanft mit dem Fuß zur Seite. Gleich darauf versucht es erneut sein Glück und erhält eine zweite Abfuhr. Jetzt hat es endlich begriffen.

Gefahr aus den eigenen Reihen

Vorhergehende Doppelseite
LEOPARD
Masai Mara Wildreservat, Kenia
Nur eine knappe Minute lang liegt Zawadi träge auf einem Ast in einem Feigenbaum, als sie sich plötzlich alarmiert aufrichtet. Geschmeidig springt sie vom Baum und hält am Fuße des Baumstammes kurz inne. Fauchend reißt sie das Maul auf, um ihr Gegenüber einzuschüchtern. Der männliche Leopard, der auf sie zukommt, bleibt stehen. Er zögert einige Minuten und setzt sich; Zawadi tut das ebenfalls. In gespannter Stille sitzen sie sich eine halbe Stunde lang gegenüber, zwanzig Meter voneinander entfernt. Ist er der Vater des Kleinen?

LÖWIN
Masai Mara Wildreservat, Kenia
Eine der Löwinnen des Bilashakarudels bringt ihre Jungen in einen neuen Unterschlupf. Obwohl sie mit ihren kräftigen Kiefern Rippen zermahlen und Elefantenhaut durchbeißen kann, fügt sie den Jungen beim Transport nicht den kleinsten Kratzer zu.

Bei Löwenjungen ist die Sterblichkeit sehr hoch, in einigen Regionen bis zu 75 Prozent. Wie kommt es, dass Löwinnen so viele Jungtiere verlieren? Die Gefahren sind zahlreich: Raubtiere wie Leoparden, Hyänen oder Schakale, galoppierende Büffel, die alles auf ihrem Weg niedertrampeln, plötzliche Überschwemmungen, Verletzungen, Krankheiten, Mangelernährung, Hunger und nicht zuletzt auch Tötung der Jungen durch fremde Männchen.

Die junge Löwenmutter sucht immer ein sicheres Versteck für ihre Jungen. Ideal ist ein Unterschlupf, in dem sie nicht von gefährlichen Raubtieren entdeckt werden und in dem sie vor Unwettern geschützt sind. Doch die Auswahl ist häufig begrenzt.
So viel Zeit wie möglich verbringt sie mit ihren Kleinen, da sie sich aber von beweglicher Beute ernährt, muss sie ihren Wurf ohne Aufsicht zurücklassen, wenn sie auf die Jagd geht. Und genau in diesem Moment schlägt der Feind zu. Ein katzengroßes Löwenjunges kann kaum rennen; es ist eine leichte Beute für Hyänen. Es ist Ironie des Schicksals, dass die Löwin im gleichen Moment vielleicht ein junges Zebra reißt.

ORANG-UTAN
Gunung Leuser-Nationalpark, Indonesien
Edita und Forester, ein junger Orang-Utan, den sie gekidnappt hat, teilen einen Moment der Ruhe mit Halik, einem jungen Männchen. Halik ist größer und stärker als Edita. Die beiden haben sich in der Vergangenheit auch schon gepaart. Das Weibchen und das Junge sind in Sicherheit.

Oben
ANUBISPAVIAN
Masai Mara Wildreservat, Kenia
Eine Mutter setzt sich und legt mitten im Säugen eine Pause ein. Ein anderes Weibchen nähert sich und betrachtet das Junge. Obwohl der ungebetene Gast hartnäckig verweilt, gibt die Mutter nicht nach und behält das Kleine bei sich.

Rechte Seite
ANUBISPAVIAN
Masai Mara Wildreservat, Kenia
Ein erschrecktes Weibchen umklammert ihr Kind; sie wird von einem höherrangigen Weibchen bedrängt, das ihr das Junge wegnehmen will.

Tötung der Jungen Den Löwenjungen kann unerwartet Gefahr von Löwen drohen, die nicht zum Rudel gehören. Normalerweise patrouillieren die Löwenmännchen in ihrem Revier, verteidigen es durch lautes Gebrüll und vertreiben Eindringlinge zum Schutz der Löwinnen und ihrer Jungen. Immer wieder werden sie von umherziehenden Löwen oder Männchen eines anderen Rudels herausgefordert. So kann es passieren, dass sie von einer anderen Löwengruppe besiegt werden und die Löwinnen und ihre Kinder plötzlich ernsthaft in Gefahr schweben. Die siegreichen Löwen suchen nach den Jungen, um sie zu töten, damit sie sich anschließend so schnell wie möglich selbst mit den Löwinnen paaren können. Aus Instinkt wissen die Löwinnen, dass sie ihre Jungen verstecken müssen. Die Situation ist äußerst heikel, denn die Löwinnen müssen immer wieder zum Jagen weggehen. Gleichzeitig weckt eine erlegte Beute die Aufmerksamkeit der neuen Herren. Wenn die Löwen die Jungen schließlich finden, verteidigen die Mütter sie verzweifelt, doch letzten Endes müssen sie angesichts der Unbarmherzigkeit der Löwen nachgeben. Nachdem die Löwen die Kleinen getötet haben, werden die erfahrenen Löwinnen

nen sich höchstwahrscheinlich mit ihnen paaren. Sie haben eigentlich auch keine Wahl, denn sie sind sehr sesshaft und wollen ihr Revier auf keinen Fall verlassen. Die neuen Männchen lassen sich aber nicht vertreiben und bleiben ihnen hartnäckig auf den Fersen. Die Löwinnen machen das Beste aus der Situation und lassen sich nicht anmerken, welches Trauma sie durchlebten.

Hintergründe für das Töten Nicht nur bei den Löwen töten fremde Männchen die Jungen. Das Phänomen wird auch bei anderen Fleisch fressenden Arten und bei Primaten beobachtet. Die bekanntesten Kindsmörder sind die Hulmans. In einigen Regionen Indiens, in denen Affensippen mit einem einzelnen Anführer leben, sind Machtkämpfe an der Tagesordnung. Durch die Vielzahl der Rivalen innerhalb des Rudels kommt es zu häufigen Machtwechseln. Der Anführer bleibt nur etwa ein Jahr an der Spitze. Angesichts der Kürze seiner Herrschaft ist es daher verständlich, dass er im Kindsmord das einzige Mittel sieht, sich die Gunst der Weibchen zu sichern und sich fortzupflanzen.

Das Hulmanweibchen, das ein Neugeborenes hat, ist steril. Während es seinen Nachwuchs säugt, werden keine Hormone ausgeschüttet, die zur Bildung von Eizellen führen. Erst wenn das Junge entwöhnt ist, wird der Hormonhaushalt wieder umgestellt und das Weibchen kann sich paaren. Für einen Hulmananführer ist die Tötung der Jungen daher die einzige Möglichkeit, an eigenen Nachwuchs zu kommen. Die Mütter sehen die Sache natürlich ganz anders und stellen sich gemeinsam gegen das Männchen, um ihre Jungen zu beschützen. Doch der neue Anführer ist wild entschlossen, die Sache zu Ende zu bringen, und tötet die meisten Kinder. Den Müttern bleibt nun keine Wahl; sie müssen sich mit ihm paaren.

Die Mütter, die in einem Verband leben, an dessen Spitze die Männchen kommen und gehen, können nur darauf vertrauen, dass ihre Jungen die Chance bekommen, heranzuwachsen. Der neue Löwenanführer kann sein Revier vielleicht zwei Jahre lang oder auch länger verteidigen; der Sippenführer der Hulmans wird hoffentlich erst dann von einem Rivalen besiegt, wenn seine Kinder groß sind und sich selbst verteidigen können. Die Mütter haben bei alldem kaum Handlungsspielraum und können ihren Nachwuchs nur begrenzt schützen.

ORANG-UTAN
Gunung Leuser-Nationalpark, Indonesien
Der kleine Orang-Utan Forester klammert sich ängstlich an Edita, das Weibchen, das ihn von seiner echten Mutter Suma gestohlen hat. Die verwegene Edita verlor ihr eigenes Junges und schnappte sich Forester bei der erstbesten Gelegenheit. Er schwebt in Lebensgefahr, denn sie kann ihn nicht säugen. Zum Glück werden die Wildhüter bald eingreifen und Suma und Forester wieder miteinander vereinen.

HULMAN
Ranthambore Nationalpark, Indien
Ein Junges ist so in die Erforschung seiner Umwelt vertieft, dass es sich immer weiter von seiner Mutter entfernt. Plötzlich bekommt es Angst und rennt schreiend zu ihr zurück. Tröstend nimmt sie es in die Arme.

ZWEITER TEIL

Die Mutter und ihr Junges

Familienbande und Gemeinschaftssinn

Die Gruppenbildung Große Zebraherden sind in der Wildnis der Serengeti und der Mara nicht selten. Wenn man jedoch eine Herde länger beobachtet oder wenn Löwen die Herde bedrohen, dann kann man sehen, wie sie sich in kleine Gruppen von maximal zwölf Tieren aufspaltet. Zu den einzelnen Gruppen gehören je ein Hengst, seine Stuten und ihre Jungen. Diese Familienverbände sind sehr beständig im Gegensatz zu den Herden, die sich jeden Tag neu formen. Das Zebra schließt sich nur vorübergehend einer Herde an. Der Familienverband ist dagegen ein festes Gefüge, dessen Mitglieder lange Zeit zusammenbleiben.

Sozialisation in einem Löwenrudel Wenn mehrere Tiere in einem Verband leben, ist es wichtig, dass jedes Tier seinen Platz kennt. Bei vielen Arten bestimmt der Rang eines Tieres den Zugang zu Nahrung und Partnern. Nur wenn sich jedes Mitglied der Gruppe der hierarchischen Struktur bewusst ist, können aggressive Auseinandersetzungen vermieden werden. Es herrscht ein zerbrechliches Gleichgewicht, in dem auch die Jungen ihren Platz finden müssen. Sie lernen, wie man gemeinsam lebt, wie man sich gegenseitig hilft und wie man seine eigene Stellung verbessern kann. Das Einfügen in die Gemeinschaft ist bei Löwenjungen nicht gerade einfach, denn die Brüder, Schwestern, Neffen und Nichten haben alle scharfe Zähne und Krallen und sind außerdem sehr kräftig. Bei erwachsenen Löwen können diese Waffen tödlich sein. Ihr Instinkt sagt den Löwenjungen, dass sie alle Aufmerksamkeit der Mutter auf sich konzentrieren müssen und niemals Nahrung teilen sollten. Gleichzeitig sind Löwen sehr gesellige Tiere, die gern in der Gemeinschaft leben. Diese widerstreitenden Empfindungen – Egoismus einerseits und Gemeinschaftsdenken andererseits – sind im Leben der Löwen für zahlreiche Spannungen verantwortlich. Wenn die Löwenjungen spielen, ziehen sie ihre Krallen ein und beißen nur andeutungsweise, doch die Scheinkämpfe können auch in erbitterten Streit ausarten und nicht selten müssen die

Vorhergehende Seiten
AFRIKANISCHER ELEFANT
Masai Mara Wildreservat, Kenia
Gerade bricht der Tag auf der Hochebene der Masai Mara an. Eine Elefantenherde macht sich auf den Weg. Eine Mutter und ihr Junges bilden das Schlusslicht.

AFRIKANISCHER ELEFANT
Masai Mara Wildreservat, Kenia
Liebevoll berühren sich ein junger Elefant und ein erwachsenes Tier aus einer Familie. Bei den Elefanten erfolgt ein Großteil der Kommunikation über Berührungen.

LÖWE
Masai Mara Wildreservat, Kenia
Vorsichtig nähert sich das Löwenjunge seinem Vater. Nachdem es seine großmütige Stimmung erkannt hat, klettert es auf seinen Rücken. Das Junge ist entzückt – und der »Papa« scheinbar auch.

ANUBISPAVIAN
Masai Mara Wildreservat, Kenia
Zwei Paviankinder kommen sich trotz Unterschieden in Größe und Alter näher. Sie sind aus dem gleichen Rudel, zu dem ungefähr fünfzig erwachsene Paviane und acht Junge gehören.

Mütter einschreiten und wieder für Ordnung sorgen, wenn einem Löwenkind zu sehr zugesetzt wird. Indem die Löwenjungen das Verhalten der Mutter gegenüber anderen Jungen beobachten, begreifen sie die Regeln der Gemeinschaft. Wenn das Muttertier freundlich zu ihrer Nichte ist, haben sie selbst eigentlich keinen Grund, es nicht zu sein.

Von ihrer Mutter lernen die Löwenjungen auch, die Erwachsenen richtig einzuschätzen. Wenn beispielsweise ein Männchen des Rudels nicht sehr vertrauenserweckend wirkt, die Mutter aber in aller Ruhe neben ihm liegt, wissen sie, dass keine Gefahr droht. Nach und nach erkennen sie, dass der Löwenmann harmlos ist. Neugierig untersuchen sie ihn näher. Mit der Zeit lernen sie, dass sie sich an ihn schmiegen können, wenn er guter Laune ist, und in besonders großmütigen Augenblicken sogar auf seinen Rücken klettern dürfen. Für ein kühnes Löwenjunges ist es ganz besonders vorteilhaft, wenn es sich mit dem Anführer des Rudels gut versteht. Als ranghöchstes Tier teilt es seine Beute nicht mit den Weibchen, doch er akzeptiert beim Fressen bereitwillig ein Löwenjunges an seiner Seite.

Die Kindheit der Elefanten Bei der Beobachtung einer Elefantenherde stellt man bald fest, wie ausgeprägt das soziale Verhalten dieser Säugetiere ist. Ihre Gemeinschaften sind von einer seltenen Dauerhaftigkeit und Beständigkeit. Die Elefantenherde wird von der Matriarchin angeführt; als das erfahrenste Tier ist sie das Oberhaupt der Familie. Die meisten Herdenmitglieder sind in irgendeiner Weise miteinander verwandt. Das Elefantenjunge hat, abgesehen von den Menschen, die längste Kindheit aller Säugetiere und bleibt bis zur Geschlechtsreife mit etwa fünfzehn Jahren bei der Herde. Ein weibliches Jungtier verweilt oft auch danach bei der Gruppe und hilft den anderen Müttern, ihre Kinder großzuziehen. Während der Kindheit ist das Elefantenkind völlig in das Familienleben integriert. Es wird von allen Familienmitgliedern, ob jung oder alt, erzogen, behütet und umsorgt. In der Obhut seiner Mutter droht dem jungen Elefant keine Gefahr von natürlichen Feinden. Er kann spielen, lernen, üben und Erfahrungen sammeln.

ANUBISPAVIAN
Masai Mara Wildreservat, Kenia
Balgende Paviankinder sind nicht zimperlich: Sie schubsen, rempeln und ziehen. Schon früh erkennen sie die Stärken und Schwächen eines jeden.

ANUBISPAVIAN
Masai Mara Wildreservat, Kenia
Das Pavianjunge beteiligt sich zwar nicht aktiv am Gruppenleben, doch allein die Tatsache, dass es neben den Erwachsenen sitzt, sagt ihm, dass es dazugehört.

Familienbande bei Grünen Meerkatzen Die Primaten leben in engen Gemeinschaften und haben einen ausgeprägten Familiensinn. Die Grünen Meerkatzen, in deren Gemeinschaft die mütterliche Linie bestimmend ist, können nicht nur ihren eigenen Nachwuchs am Ruf erkennen, sie können auch die Laute der anderen Jungen identifizieren; gleichzeitig wissen sie, zu welcher Mutter sie gehören. Da sie ständig in der Gruppe leben, übernehmen die Kleinen diese Fähigkeit instinktiv.

Lebhaftes Gruppenleben der Paviane Es ist immer wieder interessant, ein Pavianrudel zu beobachten, denn ständig gibt es Bewegung unter den Tieren, ständig stehen die einzelnen Mitglieder in irgendeinem Kontakt miteinander. Das erklärt zum Teil, warum die Paviankinder relativ lange von der Mutter abhängig sind: Sie müssen zunächst die verschiedenen Verhaltensweisen lernen, die für ein Leben in der Gruppe überlebenswichtig sind. Sie erfahren, mit wem sie sich zusammentun können, wem sie besser aus dem

GRÜNE MEERKATZE
Ngorongoro-Krater, Tansania
Ein Junges laust in aller Seelenruhe seine Mutter. Das gegenseitige Lausen ist bei den Grünen Meerkatzen ein Ritual, das ihre Zusammengehörigkeit immer wieder unterstreicht.

Weg gehen, mit wem sie sich paaren können und wie man mit Zurückweisungen umgeht. Da der Erwerb dieser Kenntnisse einige Zeit in Anspruch nimmt, ist ihre Kindheit relativ lang.

Bei den Grünen Meerkatzen, den Pavianen, den Schimpansen, den Wölfen und anderen Rudeltieren ist eine funktionierende Kommunikation unter den Gruppenmitgliedern Grundvoraussetzung für das Überleben in der Gemeinschaft. Mütter und Nachwuchs, die sich gut in die Gruppe einfügen, haben es leichter.

SANSIBAR-STUMMELAFFE
Jozani-Wald, Sansibar
Im Wipfel eines Baumes laust ein Junges sorgfältig seine Mutter. Es ist ein häufiges Ritual nach den Mahlzeiten. Die Affen brauchen Zeit zum Verdauen, und hoch oben in den Bäumen sind sie vor Feinden sicher.

ASIATISCHER ELEFANT
Kaziranga Nationalpark, Indien
Die Elefanten verlassen den Wald und verteilen sich im Wasser. Junge und alte Tiere grasen die Wasserpflanzen ab. Sie reißen sie aus dem Flussbett und schütteln sie aus, bevor sie die Pflanzen fressen.

AFRIKANISCHER ELEFANT
Masai Mara Wildreservat, Kenia
An einem wolkigen Nachmittag spielen zwei junge Elefanten miteinander. Sie schubsen und ziehen sich gegenseitig, stoßen die Köpfe aneinander und kämpfen mit Baumstämmen, bis sie plötzlich das Brüllen eines Löwen hören, der ganz in der Nähe ist.

GEPARD
Masai Mara Wildreservat, Kenia
Als die hungrige Gepardenfamilie eines Nachmittags über die Savanne zieht, prasselt plötzlich ein heftiger Regenschauer nieder. Die Familie hält an und wartet, bis er vorbei ist. Nach dem Regen putzen sich die Familienmitglieder gegenseitig. Ein munteres Junges leckt das Wasser von den Tatzen seiner Mutter. Und während die Mutter sich ausruht, tollen die Kleinen erfreut um sie herum.

GEPARD
Masai Mara Wildreservat, Kenia
An diesem Morgen ist es recht kühl. Verschlafen wärmen Frisky und ihre drei Jungen sich gegenseitig. Eine Hyäne taucht auf, schnüffelt und umkreist die Gepardenfamilie auf beunruhigende Weise. Frisky und ihre Kinder lassen sie keinen Moment aus den Augen. Schließlich begreift die Hyäne, dass es hier keine leichte Beute zu holen gibt, und zu Friskys großer Erleichterung entfernt sie sich wieder.

Erste eigene Schritte

Die Zeit des Säugens ist für Mütter und Kinder eine Zeit der Zärtlichkeit. Es ist die Ruhe vor dem Sturm, denn überall lauern Risiken und Gefahren in der Außenwelt. Die kleinen Löwen, Leoparden und Geparden müssen lernen, wie man jagt, während Pflanzenfresser und Wiederkäuer wie Gazellen, Impalas und Büffel lernen müssen, Gefahren zu erkennen und entsprechend zu reagieren. Generell zählen die Jungen in ungewohnten Situationen darauf, dass die Mutter sie schützt und führt. Jede neue Situation, die ein Junges erlebt und mit der es sich vertraut macht, bedeutet einen weiteren Schritt vorwärts im Kampf ums Überleben.

Vorhergehende Doppelseite
GEPARD
Masai Mara Wildreservat, Kenia
Vorsichtig spähen die drei Jungen von Frisky über den schützenden Baumstamm und beobachten eine vorbeiziehende Zebraherde. Niemals zuvor konnten sie ihre Mutter bei der Jagd auf Zebras beobachten, und sie wurden selbst auch noch nie von ihnen bedroht.

LEOPARD
Masai Mara Wildreservat, Kenia
Viele Wochen lang verbarg Zawadi ihre Jungen in verschiedenen Verstecken. Heute Abend geht sie zum ersten Mal mit ihnen spazieren. Die Kleinen sind zwar etwas unsicher und nervös, zugleich aber aufgeregt und zum Spielen aufgelegt.

Der Weg in die Selbstständigkeit Die Gepardin Frisky, die wir seit längerem beobachten, hielt ihre Jungen in den ersten acht Lebenswochen gut verborgen. Nun ist es an der Zeit, dass sie das Versteck zum ersten Mal verlassen und das Leben in der Wildnis kennen lernen. Auch wenn die Kleinen sich ihrer ungeheuren Verwundbarkeit nicht bewusst sind, so muss der Anblick der weiten Ebene mit den vereinzelten Büschen und Bäumen sie zunächst doch sehr einschüchtern. Frisky spürt dies und bleibt in allen Verstecken, die sie finden kann, immer in ihrer Nähe. Sie macht einen unruhigen Eindruck, während die Familie die Savanne durchstreift. Ihr Nachwuchs dagegen springt aufgeregt neben ihr her und versucht, ihren weit ausgreifenden Schritten zu folgen. Für die Familie beginnt nun das für Geparden typische

Nomadenleben. Die Jungen machen eine Entdeckung nach der anderen. Auf ihren Wanderungen hält Frisky ständig Ausschau nach Beute und zeigt ihrem Nachwuchs sämtliche Schlupfwinkel in ihrem großen Revier. Viele Tierarten haben ein eigenes Territorium, einen Platz, an dem das einzelne Tier oder das Rudel zu Hause ist, schläft, sich ausruht, umherstreift, nach Nahrung und Wasser sucht, die Neugeborenen aufzieht und sich versteckt. Bei einigen Primatenarten ist das Revier sehr klein (ein Quadratkilometer bei den Stummelaffen), während andere Raubkatzen riesige Territorien haben (drei- bis fünfhundert Quadratkilometer bei einer Gepardin). Die Jungen müssen jeden Winkel des Reviers kennen, müssen wissen, wo eine Baumgruppe Schatten spendet oder wo die Wasserstellen liegen. Nur so werden sie selbstständig.

Die Mutter, die beste Führerin Das Wissen, welches Futter man mag, reicht nicht. Man muss auch wissen, wo man es findet. Obwohl die Tiere bereits bei der Geburt bestimmte Vorlieben haben – Giraffen fressen zum Beispiel lieber Blätter als Gras – muss die natürlich vorgegebene Auswahl noch verfeinert und durch Erfahrungen bestätigt werden. Wenn ein Giraffenjunges einzig durch eigenes Umherstreifen die Orte mit der besten Blätternahrung ausfindig machen müsste, würde es seine Unwissenheit wahrscheinlich das Leben kosten. Wenn es aber der Mutter folgt, profitiert es von ihrer Erfahrung. Die Giraffenmutter muss ihrem Kleinen nicht ausdrücklich zeigen, wie es sich verhalten soll, es lernt diese Dinge von alleine, einzig durch das Zusammenleben mit ihr. Alles, was die Mutter interessiert, wird genau untersucht, während das Junge sich von Dingen, die die Mutter beunruhigen, fern hält.

Die Gepardenjungen bleiben Frisky auf den Streifzügen durch die Savanne stets dicht auf den Fersen. Sie ist nicht nur ihr Schutzschild, sondern auch ihre Führerin, denn sie kennt sich aus. Mit der Zeit wird aus der neuen und beunruhigenden Landschaft ein riesiger Spielplatz. Wie alle jungen Säugetiere lieben es auch die kleinen Geparden, neue Orte auszukundschaften, neue »Spielsachen« zu entdecken und neue Spiele zu erfinden. Sie finden Kletterbäume, Büsche, um die man herumtollen, Löcher, in denen man stöbern, und Hügel, die man erklimmen kann. Das Erforschen des Geländes ist ein Abenteuer, das angesichts der tödlichen Risiken rasch gefährlich werden kann: Jeden Moment können die Gepardenjungen einer Hyäne gegenüberstehen, die kleinen Gnus können von ihrer Mutter getrennt werden und die Zebrafohlen können in einen Hinterhalt von Löwen geraten.

ANUBISPAVIAN
Masai Mara Wildreservat, Kenia
Das Neugeborene genießt die Wärme und Geborgenheit und klammert sich an das Fell der Mutter, die mit Fressen beschäftigt ist. Von seinem sicheren Platz aus beobachtet es mit großen Augen neugierig die Umgebung.

ANUBISPAVIAN
Masai Mara Wildreservat, Kenia
Ein Pavianjunges wird von seiner Mutter, die auf der Suche nach Nahrung durch die Savanne streift, Huckepack getragen. Mit den Händen und mit dem Mund erforscht es die Welt um sich herum. Zunächst klammern sich die Kleinen am Bauch der Mutter fest, mit ungefähr fünf Wochen können sie sich auch auf dem Rücken halten.

GEPARD
Masai Mara Wildreservat, Kenia
Früh am Morgen streift Frisky in Begleitung ihrer drei Jungen durch die Savanne und versucht, Beute zu erspähen. Wie so oft in einer solchen Situation folgen die Kleinen der Mutter hüpfend und herumtollend. Sie erleichtern ihr das Jagen nicht gerade, da die Beute beim Näherkommen sofort auf die Gruppe aufmerksam wird.

GEPARD
Masai Mara Wildreservat, Kenia
Die Gepardenjungen müssen auf jeden Baum klettern, an dem sie vorbeikommen. Doch rauf kommt man häufig leichter als runter.

GEPARD
Masai Mara Wildreservat, Kenia
Dieser junge Gepard aus dem Wurf von Frisky muss alles untersuchen, was ihm begegnet, auch die Dornen eines Astes.

AFRIKANISCHER ELEFANT
Masai Mara Wildreservat, Kenia
Unterwegs zu einem ihrer Weidegründe überqueren Mutter und Nachwuchs gemeinsam die Ebene. Beim Laufen erprobt das Elefantenjunge die Beweglichkeit seines Rüssels.

TIGER
Ranthambore Nationalpark, Indien
Noorjahan, die Mutter von drei jugendlichen Tigern, zieht mit ihrem Nachwuchs durch ihr Revier an den Ufern des Rajbagh-Sees. Zwei der Jungen werden abgelenkt, doch nachdem sie ihre Neugierde befriedigt haben, kehren sie schnell wieder zu Mutter und Schwester zurück.

Von der Mutter lernen

Das Gehirn der wild lebenden Säugetiere funktioniert ohne bewusstes Überlegen, ohne zusammenhängende Denkanstrengungen. Das sich bildende Gehirn eines Jungtieres muss aufnahmebereit, aufmerksam und aufgeschlossen sein für alle Eindrücke, aus denen es lernen kann. In der freien Wildbahn ist das Lernen ein natürlicher, wunderbarer Prozess. Nur selten braucht es Disziplinierungen oder Ermutigungen. Nicht umsonst sagt man den wild lebenden Jungtieren nach, dass sie wie Schwämme seien, die alles in sich aufsaugen und gierig jedes Wissen in sich aufnehmen. Ihr Wissen ist situationsabhängig, es ist praktisch wahrnehmbar und äußert sich rein intuitiv.

Vorhergehende Doppelseite
STEPPENZEBRA
Masai Mara Wildreservat, Kenia
Dank des engen Kontakts zur Mutter kann das Zebrafohlen den Wegverlauf während der Wanderungen speichern. Wenn es später selbstständig ist, wird es sich daran erinnern und jedes Jahr den gleichen Weg zurücklegen.

ORANG-UTAN
Gunung Leuser-Nationalpark, Indonesien
Der sieben Monate alte Rusli hält sich mit einer Hand an seiner neun Jahre alten Mutter Chutniyadin fest und erforscht seine nähere Umgebung mit der anderen Hand. Orang-Utan-Weibchen sind im Alter von ungefähr sieben Jahren geschlechtsreif, doch die meisten paaren sich erst mit zwölf. Chutniyadin hatte einfach nicht genug Erfahrung und so starb Rusli vor dem Erreichen des Jugendalters.

Neugierige Jungtiere

Die Kleinen von Frisky sind überaus neugierig und energiegeladen. In alles müssen sie ihre Nase stecken, alles ausprobieren und mit allem spielen. Mit großer Begeisterung untersuchen sie Dinge, die neu sind und harmlos erscheinen. Auch leblose Objekte werden aufgeregt inspiziert. Alle jungen Säugetiere besitzen in einem unterschiedlichen Ausmaß diese Mischung aus Neugierde und Abenteuerlust. Junge Zebras zum Beispiel werden von glänzenden Steinen magisch angezogen, junge Gnus folgen einem Tier, das sie bisher nicht kannten, die Elefantenjungen machen Jagd auf Vögel, die kleinen Hyänen schnuppern an allem, was ihnen vor die Schnauze kommt, und die Löwenjungen schnappen nach im Wind flatternden Blättern. Offensichtlich wurde in der Entwicklungsgeschichte durch die natürliche Auslese eine Art »Forscherdrang« begünstigt, der das Kennenlernen der eigenen Umgebung fördert.

STEPPENZEBRA
Masai Mara Wildreservat, Kenia
Ein junges Zebra steht dicht neben seiner Mutter, die gerade mit der täglichen Fellpflege beschäftigt ist. Sie zeigt ihrem Jungen nicht, wie es geht, doch das Fohlen lernt es auch so – durch Zuschauen und Dabeisein.

LEOPARD
Masai Mara Wildreservat, Kenia
Aus heiterem Himmel prescht Half Tail davon.
Sie will Beauty dazu animieren, sie einzuholen.

LEOPARD
Masai Mara Wildreservat, Kenia
Half Tail hat an diesem nebligen Nachmittag einen Hasen erlegt und bringt ihn zu ihren beiden Jungen. Doch Manga, das unerschrockene junge Männchen, entreißt ihn der Mutter, verteidigt ihn aggressiv und gönnt seiner Schwester Tiratibu keinen Bissen. Selbst Half Tail lässt ihn in Ruhe, solange er im Besitz der kleinen Beute ist.

GEPARD
Masai Mara Wildreservat, Kenia
Eine Gnuherde braucht den Angriff eines Gepards normalerweise nicht zu fürchten. Die von Natur aus sehr neugierigen Tiere folgen Frisky und ihren Jungen sehr zum Missfallen der Wildkatze ein kurzes Stück. Doch Frisky kann nichts gegen sie unternehmen und so zieht die Herde unbeirrt weiter.

Auf Wanderschaft Verfolgt man die großen Wanderungen der Gnu- und Zebraherden, ist man fasziniert von dem Wissen, das die Tiere angesammelt haben. Jedes Tier kennt die fünfhundert Kilometer lange Strecke. Auf der ersten Wanderung, die ein Jungtier in Begleitung seiner Mutter unternimmt, erfährt es alles, was es zu seiner Orientierung braucht. Jeder Bezugspunkt im Gelände, jede Richtungsänderung wird in dem noch jungen Gehirn gespeichert.

Auf der Wanderschaft lernen die Tierkinder auch, wie ihre Artgenossen miteinander kommunizieren. Das ist bei Herdentieren überlebenswichtig. Wenn sich plötzlich Stille ausbreitet, wissen die Jungen, dass ein Feind in der Nähe auf der Lauer liegt. Wenn die Erwachsenen aufhören zu fressen, sich argwöhnisch umschauen und fluchtbereit sind, versteht das Jungtier, dass eine Gefahr ausgemacht wurde. Und wenn die erwachsenen Tiere sich einem Löwenrudel nähern, begreift das Junge, dass ruhende Löwen keine Bedrohung darstellen.

Erziehung Alle Säugetiere besitzen die Fähigkeit, dazuzulernen. Je nach Art erfolgt das Lernen jedoch auf unterschiedliche Weise. Die meisten Säugetierkinder erwerben ihr Wissen ausschließlich über das eigene Erfahren. Doch einige Tiere erhalten zusätzlich eine regelrechte Ausbildung.

Wenn ein Gepard im Serengeti Nationalpark in Tansania eine Thomsongazelle jagt, erwürgt er sie mit einem Haltegriff an der Kehle; wenn er einen Hasen fängt, tötet er ihn durch einen Biss in den Schädel. Die Gepardenmütter, die von ihren acht Wochen alten Jungen begleitet werden, jagen nach denselben Methoden, doch wenn die Kleinen drei Monate alt sind, wählen sie eine neue Methode: Sie verfolgen ihre Beute, verletzen sie und bringen sie zu den Jungen. Damit geben sie ihnen die Möglichkeit, einen Vorgeschmack auf die Jagd zu bekommen, bevor sie selbst alt genug sind, um ein Tier zu reißen. In diesem Alter bringen die Kleinen nur selten selbst ein Tier zur Strecke, daher muss sich die Mutter darum kümmern. Wenn sie einige Monate älter sind, überlässt sie ihnen ein Drittel ihrer Jagdbeute und lässt sie das Werk vollenden. Mit

GEPARD
Masai Mara Wildreservat, Kenia
Eines von Friskys Jungen hilft seiner Mutter beim Transport der Beute, einer Gazelle. Der Jagderfolg hat den Kleinen ganz aus dem Häuschen gebracht, und Frisky lässt seine Hilfsdienste zu.

IMPALA
Masai Mara Wildreservat, Kenia
Etwas abseits einer Gruppe von Weibchen betreiben eine Impalamutter und ihr Junges Fellpflege.

GIRAFFE
Masai Mara Wildreservat, Kenia
Eine Mutter pflückt mit ihrer Zunge Blätter von den Bäumen. Das Junge, das noch mit Muttermilch ernährt wird, begnügt sich damit, ihr zuzuschauen.

ungefähr acht Monaten reißen sie die Beute in Stücke, während ein Familienmitglied das Tier an der Kehle packt, damit es sich nicht bewegen kann. Noch vor dem zehnten Monat überlässt die Mutter dem Nachwuchs die Hälfte der Beutetiere, die die Jungtiere fast immer erlegen.

Im kenianischen Amboseli Nationalpark sterben während des ersten Lebensjahres schätzungsweise siebzig Prozent des Nachwuchses der Grünen Meerkatzen. Nicht weniger als neun Arten von Fressfeinden sind für diese hohe Sterblichkeitsrate verantwortlich. Wegen der extremen Gefahr, die von den Feinden ausgeht, entwickelten die Affen ein sehr ausgefeiltes System von Alarmrufen. Vor jedem Feind wird mit einem bestimmten Ruf gewarnt. Die erwachsenen Tiere kennen die unterschiedlichen Rufe, die Jungen nicht, zumindest nicht im ersten Lebensjahr. Wie lernen sie, die Rufe zu unterscheiden?
Wenn eine erwachsene Grüne Meerkatze einen Alarmruf ausstößt, wird der Schrei von den anderen Affen wiederholt. Wenn nun ein Junges einen Feind entdeckt und ebenfalls Alarm schlägt, werden die Erwachsenen die Rufe aufnehmen und wiederholen und dem Affenkind dadurch die Richtigkeit des Rufes bestätigen und ihm so versichern, dass es gute Arbeit geleistet hat. Junge Affen, die auf diese Weise Bestätigung erfahren, werden bei der nächsten Gelegenheit mit großer Wahrscheinlichkeit wieder den richtigen Ruf wählen, andere Jungtiere ohne Bestätigung dagegen nicht.

Im westafrikanischen Regenwald beobachteten Tierforscher Schimpansen, die verschiedene Steine als Hammer und Amboss verwenden, um harte Nussschalen zu knacken. Nicht jeder Stein ist als Hammer geeignet. Die Schimpansen, die einen geeigneten Stein haben, hüten ihn wie einen Schatz, damit er nicht gestohlen wird. Doch eine Schimpansenmutter, die ein Junges von drei oder vier Jahren hat, lässt ihren Stein absichtlich auf dem Amboss liegen, sodass das Junge ihn finden kann. Manchmal legt sie sogar eine Nuss als Ermutigung dazu. Wenn das Affenkind anfangs Schwierigkeiten hat, zeigt sie ihm, wie es geht, und leistet Hilfestellung. Sie legt beispielsweise die Nuss so hin, dass sie nicht wegrollt und leicht aufgebrochen werden kann. Einmal konnten wir eine Mutter beobachten, die vom Kreischen ihres Jungen aufgeschreckt ihre Siesta unterbrach, zu ihrem Kleinen ging und selbst den Stein in die Hand nahm. Vor den Augen des Kindes legte sie die Nuss in die beste Position, zeigte ihm, wie es den Stein verwenden soll, und gab diesen dann an den Kleinen zurück.

Es gibt viele weitere Beispiele für Erziehung bei Säugetieren: Otter zum Beispiel lassen vor ihren Jungen gefangene Beute los, um sie zum Jagen zu

LÖWE
Masai Mara Wildreservat, Kenia
Der »Forscherdrang« der Löwenjungen ist grenzenlos. Auch das weit geöffnete Maul der gähnenden Mutter mit dem beeindruckenden Gebiss fasziniert die beiden Jungen. Eines ist halb vom Bruder verdeckt.

ORANG-UTAN
Gunung Leuser-Nationalpark, Indonesien
Zunächst beobachtet Lear nur neugierig, was seine Mutter Borjong da frisst und probiert dann selbst ein bisschen. Erst später wird er richtig bei der Mutter mitfressen. Im tropischen Regenwald ernährt sich der erwachsene Orang-Utan von bis zu vierhundert verschiedenen Früchten und Pflanzen, die er genau unterscheiden kann.

animieren, und Erdmännchen behalten Insekten im Maul, um den Nachwuchs, bei dem Versuch, die Insekten zu ergattern, auf den Geschmack zu bringen.

Tierforscher sind immer wieder erstaunt darüber, wie genau die Mütter den Entwicklungsstand ihrer Jungen während des Lernprozesses einschätzen und wie gut sie sich darauf einstellen können. Die Ausbildung der Kinder durch die Mutter passt sich den jeweiligen Entwicklungsschritten und den Bedürfnissen der Jungen mit immer neuen »Lektionen« an.

Lernen in der Wildnis Die Tierkinder in der Wildnis sind lernfähig; sie sind von Geburt an aufnahmebereit für neues Wissen. Wenn man bedenkt, wie rasch sich die Jungen entwickeln und wie schnell, mit einem relativ geringen Einsatz an Energie, die Ausbildung der Tierkinder Erfolg zeigt (eine Ausnahme sind die Geparden), so scheint das Lernen von der Mutter nur Vorteile zu haben. Und dennoch gibt es einen solchen Unterricht nur bei wenigen Fleisch fressenden Arten und bei Primaten. Vergebens versucht man zu verstehen, warum zahlreiche so genannte »intelligente« Arten ihrem Nachwuchs absolut nichts beibringen, obwohl seine Überlebenschancen dadurch beträchtlich steigen würden. Warum ist es bei den wild lebenden Tieren nicht allgemein üblich, den Nachwuchs auszubilden?

Eine auf das Sammeln von Erfahrungen beruhende Ausbildung scheint die Antwort auf diese Frage zu sein: Das Junge wird ins sprichwörtliche Wasser geworfen und lernt mit jedem neuen Abenteuer dazu. Es taucht unkontrolliert ein in die Welt der Erfahrungen, von denen es mit der Zeit eine nach der anderen sammelt. Bei diesem unbewussten Lernprozess werden die Erfahrungen verarbeitet. Das Säugetier wählt die für sein Leben wichtigsten Verhaltensweisen und Situationen aus und speichert sie. Es ist sehr aufmerksam gegenüber Details, ist anpassungsfähig und bleibt sich doch treu. Entfernt erinnert sein Verhalten an das japanische Sprichwort »lerne nicht, gewöhne dich daran«. Wissen muss in der Praxis anwendbar sein, es muss nicht erklärbar sein. Da das Tier viele verschiedene Erfahrungen macht und daraus ein Verhaltensmuster entwickeln muss, ist der Lernprozess recht langwierig. Doch für die meisten Tierarten ist dieses *learning by doing* eine gute Lösung und macht die Ausbildung durch die Eltern überflüssig.

ORANG-UTAN
Gunung Leuser-Nationalpark, Indonesien
Die elfjährige Pesek und ihre dreijährige Tochter April (sie ist nach ihrem Geburtsmonat benannt) trinken Wassertropfen, die aus dem Blätterdach der Bäume rieseln. Einige Orang-Utans, die in den Bäumen klettern, lösen diesen Regen aus. April lernt viel, indem sie ihre Mutter genau beobachtet und nachahmt.

ANUBISPAVIAN
Masai Mara Wildreservat, Kenia
Ein junger Pavian spielt mit einem Stock, während seine Mutter im Fell nach Parasiten sucht. Die jungen Paviane sind zwei bis drei Jahre von ihrer Mutter abhängig und müssen ständig umsorgt werden.

FLUSSPFERD
Masai Mara Wildreservat, Kenia
Frühmorgens beißen sich eine Mutter und ihr Junges spielerisch in die Lippen. Ihr zärtliches Spiel erinnert stark an die Kämpfe der erwachsenen Tiere, insbesondere an die Rivalenkämpfe der Männchen während der Paarungszeit.

Spielerisch Erfahrungen sammeln

Im Ngorongoro-Krater in Tansania weiden und trinken die erwachsenen Zebras. Einige Schritte entfernt vergnügt sich ein Jungtier. Unermüdlich dreht es sich um sich selbst, beschreibt Kreise verschiedener Größe und hüpft über kleine Bachläufe. Glücklich vollführt es alle möglichen Bewegungen mit seinem Körper und erkundet dabei sich selbst und die neue Umgebung.

Die Kindheit ist die Zeit des Spielens, doch auch die Großen können ihren Spieltrieb nicht immer ignorieren. Das erkennt man leicht am Glitzern in den Augen einer Löwin, die ihre Kinder beim Herumtollen beobachtet. Generell sind die jungen Tiere sehr aufgeschlossen gegenüber neuen Erfahrungen, zumindest aufgeschlossener als ihre ausgewachsenen Artgenossen. Wenn der Alltag nichts Neues bietet, erfinden sie ein Spiel oder denken sich einen Streich aus. Jeder weiß, dass Junge liebend gern spielen. Sie vollführen Luftsprünge, raufen miteinander oder jagen und kneifen ihre Spielkameraden.

Vorhergehende Seite
GEPARD
Masai Mara Wildreservat, Kenia
Der Tag beginnt schlecht für Frisky: Die junge Mutter findet keine Gazelle für ihre drei, noch von ihr abhängigen Jungen. Voller Unruhe sucht sie das Gelände ab. Die Jungen wissen nichts von der schweren Verantwortung, die auf der Mutter lastet. Sie sind ganz in ihr Spiel vertieft.

ORANG-UTAN
Gunung Leuser-Nationalpark, Indonesien
Lear, der kleine Sohn von Borjong, zeigt, wie ungewöhnlich stark Orang-Utans sind. An nur einem Arm hängend schaukelt er an einem Ast. Er ist ein richtiger kleiner Akrobat. Da seine Mutter allein lebt, trifft er nur selten andere Kinder und muss sich selbst unterhalten.

Spielregeln — Raufereien, Verfolgungsjagden und Sprünge sind die beliebtesten Spiele der Säugetiere. Die Luftsprünge der jungen Zebras und Gnus sind allseits bekannt. Der Nachwuchs der Raubtiere und der Pflanzenfresser vertreibt sich die Zeit mit Raufereien, Zweikämpfen und Wettrennen. Die Raubtierkinder machen auch gern Jagdspiele, bei denen jedes Tier abwechselnd die Rolle des Jägers und des Gejagten übernimmt. Wenn die jungen Löwen oder Geparden spielen, springen sie sich gegenseitig an und kneifen

sich, beißen aber niemals fest zu. Sie drehen den Körper in alle Richtungen, als ob sie eine Beute zerreißen wollten, fahren aber nie ihre Krallen aus. Und urplötzlich unterbrechen sie ihr Spiel, um ein Wettrennen zu machen. Junge Primaten sind besonders einfallsreich beim Erfinden neuer Spiele.

Die Mutter hat beim Spiel der Jungen eine indirekte, nicht zu unterschätzende Rolle. Sie versorgt die spielenden Kinder mit ausreichend Nahrung und hält sie gesund. Das ist wichtig, da der Energieverbrauch beim Spielen ungeheuer hoch ist. Und Tiermütter bedeuten Schutz: Wenn das Muttertier in der Nähe ist, fühlt das Jungtier sich sicher und kann sich ganz dem Spiel widmen.

GEPARD
Masai Mara Wildreservat, Kenia
Ein Gepardenjunges will verhindern, dass es überholt wird. Das Spiel in vollem Lauf wird immer wieder abgewandelt.

Wozu ist Spielen gut? Tiere, vor allem Jungtiere, spielen gerne und ausgiebig. Während die Vorteile des Spielens erst auf den zweiten Blick zu erkennen sind (siehe S. 160), sind die Nachteile offensichtlich: Energieverlust, Verletzungsgefahr und möglicherweise werden sogar Feinde angelockt. In der freien Wildbahn ist Energie ein wohl behütetes Gut, und die ausgewachsenen Tiere setzen sie sehr sparsam ein. Der Kampf ums Überleben und um die Fortpflanzung ist so hart, dass selbst ein kleiner Unterschied in den Kraftreserven große Auswirkungen auf die Entwicklung einer Tierart haben kann. Auch die Verletzungsgefahr beim Spiel ist nicht zu unterschätzen; ein gezielter Hieb kann lebensbedrohlich sein. Nicht zu vergessen ist auch das Risiko, dass Feinde sich unbemerkt anschleichen, weil die Spielenden so vertieft sind, dass sie den neuen »Mitspieler« erst zu spät bemerken.

GEPARD
Masai Mara Wildreservat, Kenia
Beim Spielen stellen sich die Jungen plötzlich auf die Hinterbeine und halten mit dem Schwanz das Gleichgewicht. Sie kämpfen und boxen ein bisschen, bevor sie wieder auf allen vieren landen.

LÖWE
Masai Mara Wildreservat, Kenia
Das Löwenjunge spielt mit einem Stock. Als die Mutter mitmachen will, beschwört sie einen richtigen Machtkampf herauf. Doch die Löwin ist klug und hält ihre Kraft zurück, sodass das Spiel noch eine Weile weitergeht.

LÖWE
Masai Mara Wildreservat, Kenia
Löwinnen haben immer wieder spielerische Anwandlungen. Dieses Junge hat zwar den Spieltrieb seiner Mutter geweckt, scheint über das Ergebnis aber nicht besonders glücklich zu sein.

Die Vorzüge des Spielens werden erst auf längere Sicht deutlich. Ganz offensichtlich leistet das Spielen einen nicht unerheblichen Beitrag zur Entwicklung der motorischen Fähigkeiten. Auch das Leistungsvermögen des Gehirns und des gesamten Nervensystems wird durch das Spiel gesteigert. In diesem Zusammenhang ist es besonders auffällig, dass die Arten, die wir als »intelligent« bezeichnen, auch die Arten sind, die am meisten spielen. Auch bei Herdentieren hat das Spielen einen hohen Stellenwert. Es scheint für die Jungtiere eine gute Möglichkeit zu sein, aktive Mitglieder ihrer Gruppe zu werden und erhöht ihre Integrationsfähigkeit. Ein völlig harmloses Spiel gibt dem Tier die Gelegenheit, seine Eltern und Kameraden zu beurteilen und seine eigene Stellung besser zu verstehen. Die Freundschaften, die während des Spiels zwischen den einzelnen Löwen- und Wolfsjungen, Hyänenkindern und Wildhundwelpen entstehen, bilden die Grundlage für spätere Rudelbildungen.

Üben für das spätere Leben Offensichtlich werden im Spiel Fähigkeiten entwickelt und verfeinert, die später in einer bestimmten Situation entscheidend sein können. Das ungeduldig mit dem Kopf stoßende Impalajunge und das begeistert gegen Baumstämme kämpfende Elefantenjunge üben vielleicht nur für spätere Kämpfe mit ausgewachsenen Artgenossen in der Paarungszeit. Die simulierten Hinterhalte im Spiel der Löwenjungen und die Verfolgungsjagden der kleinen Geparde sind ohne Zweifel eine Vorbereitung auf ihr Leben als Jäger. Spielerisch schulen und schärfen die Jungen ihre Geschicklichkeit, ohne dabei ein Risiko einzugehen. Kleine Ausrutscher – wenn man zu fest zubeißt oder einen Mitspieler umwirft – werden von dem anderen stets verziehen. Es gibt keine Bestrafung, denn weder der eigene Rang noch das Nahrungsangebot oder der Mitspieler sind davon ernsthaft bedroht. Die im Spiel erworbenen Fertigkeiten nützen dem ausgewachsenen Tier; es ist für das Überleben und für die Fortpflanzung besser gerüstet. Unter relativ sicheren Bedingungen ist das Spiel eine Art Generalprobe für die Abenteuer, die das ausgewachsene Tier im späteren Leben erwarten.

ORANG-UTAN
Gunung Leuser-Nationalpark, Indonesien
Die kleine April ist mit ihren drei Jahren die geborene Kletterkünstlerin. Ohne Unterlass spielt sie in den Bäumen und entwickelt dabei eine erstaunliche Geschicklichkeit.

LEOPARD
Masai Mara Wildreservat, Kenia
Half Tail spielt mit ihrer Tochter Zawadi. Nach einer Weile hat die Mutter genug und will sich ausstrecken, doch Zawadi will weiterspielen. Half Tail hat schließlich das letzte Wort: Mit ihrer Tatze hält sie das überschäumende Bündel auf Abstand.

LEOPARD
Masai Mara Wildreservat, Kenia
Zawadi, die inzwischen selbst Mutter geworden ist, liegt eines Morgens auf einem Hügel, von dem aus sie die ganze Ebene überblickt. Sie hat ihren Sohn bei sich, der unbedingt spielen will. Zunächst versucht er, ihren unruhigen Schwanz mit seinen Tatzen zu fangen. Später stupst er sie in die Seite und an den Kopf. Nun hat Zawadi genug: Sie zeigt ihm deutlich, wer der Stärkere ist, und hält ihn zärtlich aber bestimmt am Boden fest.

HULMAN
Ranthambore Nationalpark, Indien
Im Revier dieser Hulmansippe steht ein riesiger Banyanbaum. Jedes Mal, wenn die Gruppe in der Nähe des Baumes vorbeikommt, legen die Erwachsenen eine Pause ein und die Kinder spielen. Ihre Spiele sind spontan, einfallsreich und offensichtlich unterhaltsam.

ORANG-UTAN
Gunung Leuser-Nationalpark, Indonesien
Hoch oben auf einem Baum sitzend findet Rusli keinen Schlaf. Er ist aufgedreht. Aus Langeweile untersucht er neugierig die Lippen seiner Mutter. Das scheint ihr aber nicht sonderlich zu gefallen.

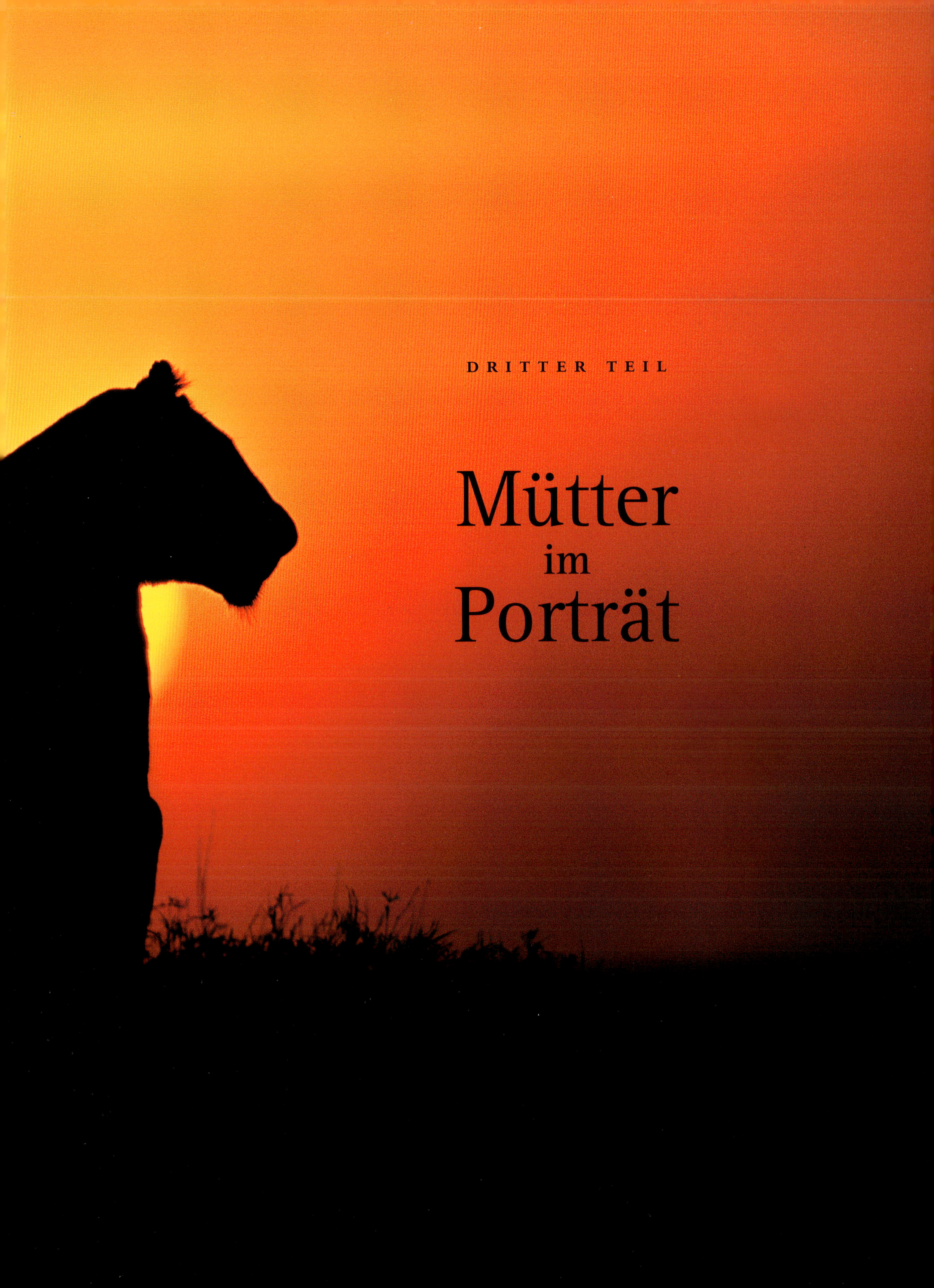

DRITTER TEIL

Mütter im Porträt

Die allein erziehende Mutter

Die Nashornmutter und ihr Junges Das Spitzmaulnashorn rangiert in puncto Geselligkeit auf einem der letzten Plätze unter den Tieren in der Wildnis. Nur die Verbindung zwischen Mutter und Kind ist relativ dauerhaft; vier Jahre bleiben die beiden zusammen. Das Weibchen und das Männchen finden dagegen nur für die Zeit der Annäherung und Paarung zusammen. Die Trennung erfolgt nach der Geburt entweder sofort oder nach recht kurzer Zeit.

Gut versteckt in einer üppigen Vegetation ist ein kleines Nashorn zur Welt gekommen. In seinen ersten Lebenswochen weicht es der Mutter nicht von der Seite. Im Ngorongoro-Krater in Tansania beobachteten wir einmal Hyänen, die das Paar voller Hoffnung verfolgten und versuchten, das Junge, von der Mutter zu trennen. Doch eine Nashornmutter reagiert sehr aufbrausend, wenn Hyänen oder Löwen zu großes Interesse an ihrem Nachwuchs zeigen. Sehr schnell wird sie aggressiv. Eine Nashornmutter kann ein Raubtier töten, indem sie es mit dem Horn aufspießt.

Einige Wochen nach der Geburt lässt die Mutter das Junge auch in etwas weiterer Entfernung grasen. Da die Raubtiere ihr Kleines nun in Ruhe lassen, ist die Aufgabe der allein erziehenden Mutter einfacher geworden. Sie ernährt es, ruht sich aus und überprüft, dass es sich in einem Umkreis befindet, in dem sie es über den Geruchssinn aufspüren kann. Während der Zeit, in der die beiden zusammenbleiben, durchkämmen sie gemeinsam das Revier der Mutter und suchen die wichtigsten Futterplätze auf. Dann folgt eine neue Zeit der Partnersuche, und die Mutter ist wieder paarungswillig.

Vorhergehende Seiten
LÖWE
Masai Mara Wildreservat, Kenia
In der Morgendämmerung sucht eine Löwin die Ebene ab, während ihr Junges sich noch ausruht.

BREITMAULNASHORN
Masai Mara Wildreservat, Kenia
Eine Mutter beschützt ihr Junges, mit dem sie einige Jahre gemeinsam durch ihr Revier streift. In dieser Zeit lernt das Kleine jeden Winkel darin kennen.

ORANG-UTAN
Gunung Leuser-Nationalpark, Indonesien
In einem Versteck aus Blättern drückt Chutniyadin ihren kleinen Rusli fest an ihre Brust. Seit der Geburt von Rusli hält Chutniyadin Abstand zu den anderen Orang-Utans, denn sie hat Angst davor, dass sie zu großes Interesse an ihrem Sohn zeigen.

ORANG-UTAN
Gunung Leuser-Nationalpark, Indonesien
Suma baut in einem Durianbaum einen Schlafplatz für die Nacht. Da sie ein Nomadenleben führt, braucht sie jeden Abend ein neues Nest. Die Mutter und das Junge schlafen darin eng aneinander gekuschelt. Suma versucht, mit Zweigen und Blättern ein Dach zu konstruieren, das sie vor dem Regen schützt. Trotz all ihrer Maßnahmen sind die beiden nach kurzem nass bis auf die Knochen und halten sich fröstelnd aneinander fest. Dennoch werden sie die ganze Nacht ausharren.

Die Ungezwungenheit der Leopardenmutter Die Leichtigkeit, mit der die Leopardin ihre Jungen großzieht, ist beeindruckend. Sie ist auf sich allein gestellt und wird dennoch allen Aufgaben der Erziehung gerecht. Die Leopardenmutter verbringt viel Zeit mit den Jungen. Wenn sie ihren Nachwuchs säugt und ihn putzt, spielt und rauft sie häufig mit den Kleinen. Anschließend geht sie weg und verbringt einige Zeit alleine, um sich auszuruhen oder zu jagen. Das Bemerkenswerte an dieser Art der Erziehung ist, dass die Bedürfnisse der Jungen dabei voll befriedigt werden; sie sind gerne unbeaufsichtigt, wollen aber gleichzeitig auch nicht, dass die Mutter sich allzu weit entfernt.

Die Last der Gepardenmutter Für die Gepardenmutter ist es wesentlich schwerer, das Überleben ihrer Jungen zu sichern und ihre Gesundheit zu erhalten. Im Gegensatz zur Leopardenmutter, die einen festen Unterschlupf hat, führt die Gepardin ein Nomadenleben und ab der achten

Woche begleiten die Gepardenkinder sie überallhin. Außerdem muss sie sich im Durchschnitt um vier Junge kümmern, während die Leopardin nur zwei hat. Wenn die Gepardenmutter die Ebene auf der Suche nach Beute durchstreift, hält sie auch immer nach möglichen Gefahren für ihre Jungen Ausschau. Verständlicherweise macht sie daher häufig einen unruhigen Eindruck. Geparde führen kein leichtes Leben. Die Familie ist immer auf der Suche nach Beute und wird fortwährend von Löwen oder Hyänen bedroht. Das ist wahrscheinlich auch der Grund, warum Gepardenmütter im Vergleich zu Leopardenmüttern viel weniger mit ihren Jungen spielen.

Die Orang-Utan-Mutter Nur zur Fortpflanzung treffen sich die Orang-Utan-Männchen mit den Weibchen. Nach Vorspiel, Paarung und Flitterwochen nimmt das Orang-Utan-Männchen sein gewohntes Leben als Einzelgänger wieder auf. Zu seinen Gewohnheiten gehört auch die Suche nach anderen, paarungswilligen Weibchen. Die angehende Mutter muss sich alleine

ORANG-UTAN
Gunung Leuser-Nationalpark, Indonesien
Suma trägt ihren kleinen Forester in alle Baumkronen des tropischen Regenwaldes. Hier hält sie sich am liebsten auf, denn sie findet hoch oben in den Bäumen alles, was sie braucht. Es gibt Nahrung und Lianen, die ihr Gewicht tragen können; unter dem Gewicht eines Männchens würden die Lianen höchstwahrscheinlich nachgeben.

Nachfolgende Seiten
ORANG-UTAN
Gunung Leuser-Nationalpark, Indonesien
Borjong und Lear beobachten fasziniert zwei andere Orang-Utans. Recht schnell wird es Lear allerdings langweilig und er beginnt, in der Nähe seiner Mutter eine eigene Akrobatennummer zu vollführen.

ORANG-UTAN
Gunung Leuser-Nationalpark, Indonesien
Borjong will eine Lichtung überqueren und sucht nach einer festen Liane, an der sie sich mit ihrem Kleinen hinüberschwingen kann. Die Übung sieht zwar leicht aus, erfordert aber ungeheure Kraft.

durchschlagen. Sie trägt ihr Kind acht bis neun Monate aus und beschützt es anschließend fünf bis sieben Jahre lang.

Die Orang-Utan-Babys werden nachts im Schlafnest ihrer Mutter oben in den Bäumen geboren. In den ersten Monaten nach der Geburt zieht sich das auch sonst recht einzelgängerische Weibchen völlig zurück; sein Verhalten grenzt fast an Paranoia. Es versteckt sich vor den anderen Orang-Utans, die sein Kleines allzu neugierig betrachten könnten. Das Muttertier lebt in völliger Abgeschiedenheit.

Hartnäckig bleibt das Orang-Utan-Junge den ganzen Tag über an seiner Mutter hängen. Tatsächlich lässt das Kleine die Mutter in den ersten sechs Monaten, im wahrsten Sinne des Wortes, nicht los. Beim täglichen Klettern und Hangeln in den Bäumen klammert sich das Junge an den langen Haaren an der Seite der Mutter fest. Sie ernährt und putzt es, spielt jedoch nur selten mit ihm. Nachts schlafen sie aneinander gekuschelt in ihrem Nest. Im Alter von ungefähr sechs Monaten wagt das Junge den ersten Alleingang: Es macht einige Schritte auf einem Ast. In den folgenden Monaten gewinnt es an Selbstvertrauen und Körpergefühl und entfernt sich immer wieder einige Meter von der Mutter, die mit Dösen oder Fressen beschäftigt ist. Mit drei Jahren baut es sein eigenes Nest in der Nähe der Mutter und schläft auch darin. Tagsüber ist es aber noch sehr anhänglich und weicht der Mutter nicht von der Seite. Erst mit fünf Jahren wagt der junge Orang-Utan sich alleine fort, folgt aber weiterhin den Spuren der Mutter.

In den ersten fünf bis sieben Lebensjahren, in denen er eng mit der Mutter zusammenlebt, entwickelt der junge Orang-Utan viele verschiedene Fähigkeiten und lernt alles, was er zum Überleben braucht. Er kann ein Schlafnest bauen, er lernt, wie man bis zu vierhundert verschiedene Früchte und Pflanzen erkennt und findet, kann Gefahren ausmachen und vermeiden. Daneben besitzt er noch andere Fertigkeiten: Er kann sich im Wald orientieren und hat eine Karte seines Territoriums mit sämtlichen Entfernungen, Wegstrecken und Fressplätzen im Gedächtnis gespeichert. Mit großer Geschicklichkeit bewegt er sich in den Bäumen und unterscheidet zwischen den einzelnen Ästen und Lianen hinsichtlich ihrer Geschmeidigkeit und Tragfähigkeit. Sämtliche Kenntnisse und Fertigkeiten erwarb er von seiner Mutter, die nach dem Ende der Erziehung bestimmt bald wieder trächtig sein wird.

ORANG-UTAN
Gunung Leuser-Nationalpark, Indonesien
Deya und ihr Sohn Nuri sind unzertrennlich. Sie haben ein sehr enges Verhältnis zueinander.

GEPARD
Masai Mara Wildreservat, Kenia
Ein umgestürzter Baumstamm dient der Gepardenmutter als Ausguck. Von hier aus kann sie ihre Beute erspähen. Ihr Leben ist hart. Zum Jagen muss sie oft ihren Nachwuchs allein lassen, doch ihre vier Jungen sind noch nicht alt genug, um auf sich selbst aufzupassen.

PANZERNASHORN
Kaziranga Nationalpark, Indien
Eine imposante Nashornmutter mit ihrem Jungen wirbelt beim Rennen eine große Staubwolke auf. Diese Nashornart ist stark vom Aussterben bedroht, unter anderem auch wegen ihres extrem langen Reproduktionszyklus.

Zusammenhalt der Mütter

Bei ungefähr zehn Prozent der Säugetiere, darunter auch einige Primaten, hängt das Überleben der Jungen von der Hilfe ab, die ihre Mutter von ihren Artgenossen erhält. Tatsächlich könnte sie ihren Nachwuchs ohne diese Unterstützung nur mit Mühe aufziehen. Die Schabrackenschakale liefern hierfür ein besonders bezeichnendes Beispiel: Jeder untergeordnete Schakal, der zur Nahrungsbeschaffung beiträgt, ermöglicht es den Eltern, ein weiteres Junges aus ihrem Wurf großzuziehen.

Die Helfer Aus welchem Grund hilft ein Weibchen einer Artgenossin bei der Erziehung ihrer Jungen? Der Evolutionstheorie zufolge tendiert ein Tier, das selbst geringe Chancen auf Fortpflanzung hat, dazu, das Tier zu unterstützen, das leicht Nachwuchs haben kann. Es folgt dabei seinem Instinkt zur Erhaltung der Art. Bei den Wölfen sind die männlichen und weiblichen Mitglieder des Rudels normalerweise mit dem Alpha-Männchen oder -Weibchen verwandt und sehen daher keinen Grund, eigenen Nachwuchs zu haben. Bei anderen Arten wie Wildhunden, Hyänen, Dingos und Zwergmangusten sieht es etwas anders aus. Die Gruppenmitglieder unterstützen sich bei der Erziehung der Jungen gegenseitig, doch manchmal versuchen die rangniederen Tiere eigene Junge zur Welt zu bringen; aller Voraussicht nach wird das ranghöchste Weibchen den Neugeborenen jedoch böse zusetzen. Angesichts dieser Bedrohung ist es für ein Weibchen die beste Lösung, den Eisprung zu verzögern. Es kann darauf warten, dass die äußeren Bedingungen sich ändern. Das passiert, wenn ein höherrangiges Weibchens stirbt, oder wenn es ein Männchen in einem noch unbesetzten Revier findet.

Vorhergehende Doppelseite
AFRIKANISCHER ELEFANT
Masai Mara Wildreservat, Kenia
In Gefahrensituationen verhalten sich die einzelnen Elefanten einer Herde völlig selbstlos. Hier zum Beispiel spüren sie die Gefahr und rücken dicht zusammen, damit die Jungen nicht gefährdet sind.

GRÜNE MEERKATZE
Samburu Wildreservat, Kenia
Die Grünen Meerkatzen tun viele Dinge gemeinsam: Sie spielen, lausen sich gegenseitig oder sitzen einfach nur zusammen.

AFRIKANISCHER ELEFANT
Masai Mara Wildreservat, Kenia
Die Matriarchin lässt ihre Muskeln spielen. Wir sind Zeuge eines Scheinangriffs, der die vorüberziehenden Löwen davon abhalten soll, der Familie zu dicht auf den Pelz zu rücken.

ANUBISPAVIAN
Masai Mara Wildreservat, Kenia
Ein ranghöheres Pavianweibchen untersucht die überraschende Zartheit des Neugeborenen einer untergeordneten Mutter. Wenn das ranghöhere Weibchen in dem rangniederen Kind eine Konkurrenz für ihren eigenen Nachwuchs sieht, kann sie der Mutter das Leben ziemlich schwer machen.

Die Rolle der Tante Alle Primaten sind gleichermaßen fasziniert von ihren Jungen, doch die Mütter sind je nach Art mehr oder weniger bereit, ihren Nachwuchs einem Artgenossen anzuvertrauen. Bei den Pavianen und Makaken, die innerhalb des Rudels in einer strengen, auf der mütterlichen Linie basierenden Rangordnung leben, geben die Mütter ihre Jungen nie aus der Hand. Wenn ein rangniederes Weibchen sein Junges einer ranghöheren Mutter überlässt, so ist es sehr wahrscheinlich, dass diese sich nicht um das Junge kümmern wird; die Gefahr ist groß, dass es austrocknet und stirbt. Bei anderen Primatenarten dagegen gibt es unter den Weibchen einen engen Zusammenhalt, da sie in weniger strengen Hierarchien leben. Diese Primatenmütter haben keine Skrupel, ihren Nachwuchs in der Obhut einer Artgenossin zurückzulassen. Die Jungen der Grünen Meerkatzen, der Stummelaffen und der zahlreichen Langurenarten in Asien werden die meiste Zeit nicht von der Mutter, sondern von anderen Weibchen versorgt. Die jungen Weibchen dieser Affenarten lernen als Pflegemütter den Umgang mit dem Nachwuchs, sodass auch sie gute Mütter sein werden, wenn ihre Zeit gekommen ist. Die Mutter schätzt die Rolle der Pflegemutter, denn auf diese Weise spart sie einen Teil ihrer Energie. Alleine würde die Erziehung ihres Jungen sie aller Kraft berauben.

Die Hilfe der Männchen Die Pavianmütter unterstützen sich zwar nicht gegenseitig, doch sie zögern nicht, die Hilfe der Männchen in Anspruch zu nehmen, auch wenn diese nicht die Väter ihrer Jungen sind. Die Partner bringen den Tierkindern Kleinigkeiten zu fressen und lassen sie auch manchmal auf ihren Rücken klettern. Ihre wichtigste Aufgabe ist es, Mutter und Nachwuchs vor den Angriffen der anderen Gruppenmitglieder zu schützen.

Die Mütter der Krallenäffchen und der Tamarins aus Mittel- und Südamerika sind am geschicktesten bei der Verteilung der mütterlichen Aufgaben. Da sie Zwillinge gebären, macht das Gesamtgewicht der beiden Jungen bis zu einem Viertel des Körpergewichts der Mutter aus, was beim Säugen ziemlich hinderlich ist. Die Mutter versucht daher, möglichst viele zusätzliche Väter zu finden. Aus diesem Grund paart sich das Weibchen wahrscheinlich auch mit mehreren Männchen, die ihr anschließend bei der Erziehung der Kleinen helfen. Je mehr Männchen den Müttern helfen, umso mehr Junge werden überleben. Da die Weibchen kurz nach der Geburt schon wieder paarungsbereit sind, haben die Männchen einen zusätzlichen Grund, noch nicht fortzugehen. Bei den Lisztäffchen wird nicht nur das Verhalten der Weibchen, sondern auch das der Männchen durch Hormone gesteuert: Der Nachwuchs wird von den Müttern gesäugt und von den Männchen herumgetragen und beschützt.

Das Matriarchat der Elefanten Die weiblichen Elefanten und ihre Jungen leben in einem Familienverband. Zu einer Familie gehören miteinander verwandte Weibchen und ihre Kinder – Neugeborene, jugendliche Männchen und auch elf- oder zwölfjährige, weibliche Jungtiere. Der Zusammenhalt im Familienverband ist sehr stark. Jede Gruppe wird von dem ältesten Weibchen, der so genannten Matriarchin, angeführt. Die jungen Elefantenweibchen bleiben ihrer Familie ein Leben lang treu. Mit etwa zwölf oder dreizehn Jahren können sie sich fortpflanzen. Die Männchen verlassen den Familienverband, sobald sie geschlechtsreif sind, also mit ungefähr vierzehn Jahren. Die Elefanten im Familienverband sind gut aufeinander eingespielt. Die Matriarchin wählt die Zielorte, sie bestimmt, wann die Gruppe Wasser oder Schatten suchen soll, und wann es Zeit zum Schlafen ist. Eine Elefantenherde kann sich über ein Gebiet von knapp 1500 Quadratkilometern bewegen. Daher ist das Überleben der Tiere in großem Maße von der Erfahrung der

Matriarchin abhängig. Sie kennt die Weidegründe, Wasserstellen und möglichen Gefahren. Unter ihrer Führung hält die Familie fest zusammen. Wenn Gefahr droht, rücken die Elefanten dicht zusammen, wobei die Erwachsenen sich außen der Gefahr stellen und die Jungen schützend in die Mitte nehmen. Die ganz jungen Elefanten werden ständig von der Mutter und den ältesten Schwestern umsorgt: Bei Märschen durch schwieriges Gelände flößen sie den Kleinen Zuversicht ein, indem sie sie mit dem Rüssel ermuntern und führen; wenn sie fallen, helfen sie ihnen beim Aufstehen. Bei Flussüberquerungen nehmen sie die Jungen zwischen sich, sodass sie ihnen bei Schwierigkeiten sofort helfen können.

Abgesehen vom Menschen hat der Elefant die längste Kindheit aller Säugetiere. Die Unterstützung und die Geborgenheit, die der Elefant in seiner Kindheit von der Mutter erfährt, prägen ihn ebenso wie die Aufmerksamkeit, die er von Seiten der Tanten und älteren Schwestern erhält. Im Zusammenleben mit der Familie erkennt er schon früh, welche Rolle er innerhalb der Gemeinschaft einnimmt, und versteht, wie wichtig die Gruppe für sein Überleben ist.

Das Matriarchat der Löwen In einem Löwenrudel bildet die Gruppe von Weibchen mit ihren von ihnen noch abhängigen Jungen den Kern der Gemeinschaft. Daneben gehören noch einige Männchen zum Rudel. Das Revier des Rudels gehört den Löwinnen; es wird von der Mutter an die Tochter vererbt. Die Männchen sind nicht mit den Weibchen verwandt und übernehmen nur vorübergehend die Herrschaft im Rudel, nachdem sie die bisherigen Männchen besiegt haben. Den Löwenjungen gegenüber gefallen sie sich in der Vaterrolle, ihre Hauptaufgabe ist jedoch die Verteidigung des Reviers gegen umherziehende Gruppen fremder Männchen. Die Männchen kommen und gehen, doch das Matriarchat besteht über Generationen hinweg und sorgt für den Zusammenhalt im Rudel.

Gemeinsame Kinderstube der Löwen Wenn in einem Rudel zwei oder mehr Löwinnen gleichzeitig gebären, wird der Herdentrieb bei den Müttern besonders stark. Sie tun sich zusammen und erziehen ihre Jungen gemeinsam. Die gemeinsame Kinderstube wird schnell zum Mittelpunkt des Rudels. Jede Löwin ohne Nachwuchs verlässt die Gruppe oder schließt sich ihr an, je nach Laune. Die Jungen spielen miteinander, raufen lautstark zwischen den Müttern und machen keinen Unterschied zwischen der eigenen Mutter und den anderen Löwinnen, die umgekehrt auch die fremden Jungen ausgiebig ablecken und mit Zärtlichkeiten überschütten.

LÖWE
Masai Mara Wildreservat, Kenia
Die Löwin gehört zu einem Rudel aus der Topi-Ebene. Sie hat gerade ihr Junges gesäugt und ruht sich in der morgendlichen Kühle aus. Während die anderen Löwen noch schlafen, versucht das Löwenjunge mit allen Tricks die Aufmerksamkeit seiner Mutter auf sich zu lenken.

LÖWE
Masai Mara Wildreservat, Kenia
Das Rudel aus der Topi-Ebene hat seine Mahlzeit, ein in der Nacht getötetes Gnu, beendet. Ein Löwe nach dem anderen kommt zu der kleinen Regenwasserpfütze und stillt seinen Durst.

Gemeinschaftliches Säugen Die Löwenjungen werden häufig gesäugt, vor allem in den ersten vier Lebensmonaten. Obwohl eine zu einer Gruppe gehörende Löwin hauptsächlich ihre eigenen Jungen säugt, wird etwa ein Drittel ihrer Milch von fremden Jungen getrunken. Alle Löwenjungen wissen ganz genau, welche Mutter zu welcher Zeit am meisten Milch hat, und zögern nicht, einen Versuch zu wagen. Die Löwinnen können die hungrigen Kleinen nur gelegentlich vertreiben. Es ist daher keine Seltenheit, dass eine Löwin Jungen in zwei oder drei verschiedenen Altersstufen säugt.

Warum kümmern sich die Mütter so sehr um die Jungen der anderen? Zunächst deshalb, weil die Jungen gehaltvoller ernährt werden, wenn sie die Milch von allen Löwinnen der Gruppe trinken. Sie werden mit mehr Antikörpern versorgt und sind somit eher vor Krankheiten geschützt. Doch es gibt auch andere Gründe. Wenn beispielsweise eine Mutter krank oder verletzt ist, können ihre Jungen dank der anderen Mütter weiter ernährt werden, bis sie wieder zu Kräften gekommen ist. Auch der »genetische Instinkt« spielt eine

Rolle: Da alle Mütter in irgendeiner Weise miteinander verwandt sind, fühlen sie sich verpflichtet, alle Jungen zu ernähren, die, zumindest teilweise, das gleiche Erbgut haben. Für die Mütter ist das Säugen der anderen Kinder der Preis, den sie zahlen müssen, um in den Genuss der Vorteile des Gruppenlebens zu kommen. Gemeinsam bilden die Löwinnen mit ihren Jungen eine gut funktionierende Lern- und vor allem Schutzgemeinschaft. Fremde Löwen suchen häufig nach den Jungen der anderen Männchen und wollen sie töten. Normalerweise verteidigen die Löwenmännchen das Rudel gegen Angriffe dieser Art, doch manchmal sind sie nicht da oder sie werden von den Rivalen besiegt. Eine einzelne Mutter, die ihre Jungen verteidigen will, ist einem kindsmörderischen Männchen nicht gewachsen: Ein Männchen ist eineinhalbmal so groß wie ein Weibchen. Die Löwin hat im Prinzip kaum eine Chance, sich allein gegen ein Männchen durchzusetzen. Die Solidarität unter den Löwinnen der Gruppe gleicht ihre Unterlegenheit in Größe und Gewicht wieder aus und sie können sich gemeinsam gegen eindringende Männchen verteidigen.

LÖWE
Masai Mara Wildreservat, Kenia
Früh am Morgen taucht das ausgeruhte Rudel aus der Topi-Ebene auf. Die Gruppe ist voller Energie und Tatendrang; selbst die Löwinnen, die ihre Jungen begleiten, machen bei dem Spiel mit und untersuchen alles, was ihnen vor die Nase kommt.

ANUBISPAVIAN
Samburu Wildreservat, Kenia
Während ihr Kleines vorsichtig einige Schritte wagt, ruht sich die Mutter zufrieden aus. Die Gegenwart ihres großen und starken Partners ist für sie beruhigend, denn er wird das Pavianjunge vor allen Gefahren beschützen.

Pavianmütter und die Rangordnung In den Rudeln der Anubispaviane (sowie der Grünen Meerkatzen und der Makaken) bilden die Weibchen den Kern der Gruppe. Sie sind alle miteinander verwandt. Das Pavianweibchen wächst im Kreise seiner Mutter, Schwestern, Tanten und Kusinen auf. Charakteristisch für die Paviangesellschaft ist die hierarchische Ordnung, die der mütterlichen Linie folgt. Man spricht von einer matrilinearen Struktur.

Mit der Unterstützung ihrer Mutter und anderer Verwandter können die von ranghöheren Weibchen geborenen Töchter eine wichtige Position in der Hierarchie einnehmen und geben ihrerseits die Vorteile dieses Ranges an ihre Töchter weiter. Es ist zum Beispiel das Privileg eines hohen Ranges, dass die Weibchen sich sofort nach Erreichen der Geschlechtsreife paaren können und ihre Jungen größere Überlebenschancen haben. Das Pavianweibchen führt das Junge in das soziale Gefüge ein, das sie um sich geschaffen hat. Die Vorteile eines hohen Ranges werden also mütterlicherseits von Generation zu Generation weitergegeben.

Es ist auch typisch für ein solches System einer sozialen Hierarchie, dass die Mütter sich nicht gegenseitig helfen. Innerhalb einer Ranggruppe halten sie zusammen, um die Töchter von rangniederen Tieren, die in der Hierarchie aufsteigen möchten, zu unterdrücken und auszuschließen. Dabei achten sie gleichzeitig darauf, dass ihre eigenen Familienmitglieder einen vorteilhaften Rang einnehmen.

Besonders deutlich wird die Bedrohung, der die rangniederen Weibchen ausgesetzt sind, in der Art und Weise, wie die Pavianmütter ihre Jungen behandeln. Der soziale Rang entscheidet darüber, ob eine Mutter ein entspanntes Verhältnis zu ihrem Jungen hat oder ob sie überängstlich ist und zu sehr beschützen will. Die ranghöheren Weibchen reagieren im Allgemeinen weniger beschützend als die rangniederen Mütter, weil es kaum jemand wagen wird, ihren Nachwuchs anzugreifen. Man kann häufig beobachten, dass Paviane vor den Jungtieren ranghöherer Eltern zurückweichen aus Angst vor möglichen Vergeltungsmaßnahmen durch die Mütter. Die Weibchen niederen Ranges ge-

ANUBISPAVIAN
Masai Mara Wildreservat, Kenia
Eine Mutter mit ihrem Jungen auf dem Rücken ahnt nichts Gutes; sie flüchtet vor dem ranghöheren Weibchen, das sich nähert.

nießen keinerlei Privilegien: Ihre Jungen können von den ranghöheren Weibchen misshandelt werden, ohne dass Vergeltung möglich ist. Der intensive Schutz durch das Muttertier ist durchaus gerechtfertigt. In einer Paviangesellschaft sind soziale Veränderungen so gut wie ausgeschlossen. Doch die Gemeinschaft bietet allen Mitgliedern gleichermaßen den lebenswichtigen Schutz.

Oben
ANUBISPAVIAN
Samburu Wildreservat, Kenia
Das Junge fühlt sich in den Armen seiner Mutter sicher aufgehoben und versucht vorwitzig, die Aufmerksamkeit ihres Partners zu erregen. Er ist eines der liebevolleren Männchen.

Rechts
TÜPFEL- ODER FLECKENHYÄNE
Masai Mara Wildreservat, Kenia
Die Sonne geht über dem gemeinsamen Bau auf. Die Hyänen, die nachts auf der Jagd waren, kommen eine nach der anderen zurück. Ein Junges empfängt seine Mutter freudig.

Das Erbe in einem Matriarchat In den Gemeinschaften der Paviane, Grünen Meerkatzen und Makaken erbt die jüngste Tochter den sozialen Rang der Mutter. Das Nesthäkchen findet in seiner Mutter und manchmal auch in ranghöheren Weibchen Verbündete. Diese unterstützen es, wenn es zu Konflikten mit einer älteren, ihr untergebenen Schwester kommt, die ja bis vor kurzem selbst die designierte Nachfolgerin war. In dem stabilen Matriarchat der Elefanten und Löwen erben die Töchter neben dem Rang auch das Revier und erwerben die Kenntnisse, die nötig sind, um sich sicher darin zu bewegen. So wird das »Erbe« von Generation zu Generation weitergegeben.

AFRIKANISCHER ELEFANT
Samburu Wildreservat, Kenia
Bei der Überquerung des Flusses Ewaso Nyiro nehmen die Elefanten den Nachwuchs in die Mitte. Alle Elefanten einer Herde beschützen die Jungen, nicht nur auf Wanderungen, sondern auch beim Weiden.

Eine Schimpansenmutter

Vorhergehende Doppelseite
SCHIMPANSE
Gombe Nationalpark, Tansania
Die Mutter hat einen ruhigen Platz gefunden, um sich auszuruhen. Aber ihr aufgeregtes Kleines lässt ihr keine in Ruhe.

SCHIMPANSE
Gombe Nationalpark, Tansania
Die Schimpansen sind unterwegs. Patti bildet mit ihrem Sohn Tarzan auf dem Rücken die Nachhut. Patti ist erst im Nachhinein zur Gruppe gestoßen und war anfangs ein rangniederes Weibchen. Sie konnte jedoch in der Hierarchie aufsteigen und hat heute einen der höchsten Ränge inne.

Die großen Menschenaffen sind die Primaten mit der längsten Lebensdauer: Ein Schimpanse oder ein Gorilla können in freier Wildbahn bis zu fünfzig Jahre alt werden. Gleichzeitig haben die langlebigsten Arten die längste Tragzeit. Bei den Schimpansen beträgt sie sieben bis acht Monate, bei den Gorillas über acht bis neun Monate und bei den Orang-Utans knapp neun Monate. Es folgt die lange Zeit des Säugens, die zwischen drei und fünf Jahren dauert. Hinzu kommt, dass die Mütter keinen Schritt ohne ihre Kinder tun.

Ein Schimpansenjunges wird drei Jahre lang gesäugt. In seinem vierten und fünften Lebensjahr wird es nach und nach entwöhnt. Zu diesem Zeitpunkt ist seine Mutter meist erneut trächtig. Das Junge bleibt bei seiner Mutter, bis es mit acht oder neun Jahren das Jugendalter erreicht. Nicht selten sieht man daher Schimpansenmütter mit zwei oder drei von ihr abhängigen Jungen, die im Alter jeweils ungefähr vier Jahre auseinander sind. Mit zehn Jahren kommen die Jungen in die Pubertät und sind ein oder zwei Jahre später ausgewachsen.

SCHIMPANSE
Gombe Nationalpark, Tansania
In der Kasakela-Gemeinschaft der Schimpansen ist es still geworden. Einige Mitglieder lausen sich, andere dösen vor sich hin. Auch Fanni will Siesta halten, doch ihr Sohn Fundi lässt ihr keine Ruhe.

Flo Flo ist mit Sicherheit das beste Beispiel für eine gute Schimpansenmutter. Ihre Geduld, ihre Hingabe und ihr Einsatz für ihre Jungen machen aus ihr zugleich eine sehr beherzte Mutter. Mal ist sie eine gewiefte Strategin, mal eine Opportunistin. Sie schließt Abkommen, knüpft Freundschaften, manipuliert ihre Feinde (die anderen Mütter) und macht den rangniederen Jungen das Leben nicht gerade leicht. Ihre Kompromissbereitschaft und ihre Taktiken verändern sich ständig und werden den jeweiligen Gegebenheiten angepasst.

Im tansanischen Gombe kämpfte Flo sich durch und baute ein geschütztes Territorium mit reichem Nahrungsangebot auf, dessen Grenzen von Männchen gesichert werden. Viele von ihnen sind ehemalige Partner, aber auch ihre eigenen, erwachsen gewordenen Jungen gehören dazu. Flo wird von ihnen vor fremden Männchen beschützt, die von Zeit zu Zeit einen Angriff auf die Gemeinschaft wagen, um den Nachwuchs, aber auch die erwachsenen Tiere zu töten.

Das Erbe von Flo Die Schimpansin Flo lebt heute in ihren Erben weiter. Da sie sich immer für ihren eigenen Nachwuchs einsetzte, erlaubte sie ihrer Tochter Fifi ihre Stellung zu übernehmen. Fifi musste den Heimatort nicht wie die Hälfte der in Gombe geborenen Weibchen verlassen, sondern konnte vor Ort bleiben. Sie profitierte von dem günstigen Territorium ihrer Mutter und dem Schutz durch die Männchen. In einem außergewöhnlich frühen Alter begann sie, sich fortzupflanzen und brachte nacheinander sieben Junge zur Welt, von denen sechs überlebten. Das ist eine erstaunliche Zahl für eine in der Wildnis lebende Schimpansin. Fifi hält auch den Rekord für die kürzesten Abstände zwischen den Geburten. Ihr erster Sohn Freud war früher ein hochrangiges Männchen und ihr zweiter Sohn Frodo ist der derzeitige Anführer der Gruppe. Er ist das größte, jemals in Gombe gesehene Männchen. Fanny, ihr drittes Kind, hält den Rekord der jüngsten Mutter, denn sie brachte mit nur achteinhalb Jahren ihr erstes Baby zur Welt. Die Familie von Flo wächst und gedeiht.

SCHIMPANSE
Gombe Nationalpark, Tansania
Die Schimpansenmutter Fanni schläft. Nach einer Weile hat Fundi genug vom Spielen und kommt zu ihr. Er macht es sich zum Schlafen an ihrer Brust bequem.

SCHIMPANSE
Gombe Nationalpark, Tansania
In einem versteckten Winkel döst eine Mutter, ohne dabei ihr Junges aus den Augen zu lassen.

SCHIMPANSE
Gombe Nationalpark, Tansania
Eine Mutter antwortet auf die Rufe der anderen Gruppenmitglieder. Das Kleine ist sich offensichtlich noch nicht bewusst, dass soeben eine Verständigung stattfindet.

Das Junge wird erwachsen

Veränderte Hormone

Der Übergang vom Jungtier zum ausgewachsenen Tier bringt große Veränderungen. Das Junge wird ausgesprochen launisch und reagiert unvorhersehbar. So erlangen die männlichen Paviane die biologische Reife in einem sehr kurzen Zeitraum. Durch einen gewaltigen Wachstumsschub werden sie innerhalb kürzester Zeit größer als die Weibchen. Ihre großen Eckzähne werden gut sichtbar und ihre Mähne wächst als äußeres Zeichen ihrer Reife; ihre Hormone spielen verrückt. Die Jungtiere probieren ihre neuen Kräfte an den anderen aus, einschließlich der Weibchen. Auch untereinander kommt es zwischen den unberechenbaren jugendlichen Pavianmännchen immer wieder zu Auseinandersetzungen.

Nervensache

Lange glaubte man, dass die hormonellen Veränderungen für die in der Jugend besonders gravierenden Stimmungsumschwünge verantwortlich seien. Neuere Forschungen zeigen, dass auch die Art des Informationsaustausches im Gehirn eine Erklärung für ein solches Verhalten liefern kann. Bisher war man der Meinung, dass das Gehirn sich bereits relativ früh im Leben eines Säugetiers ausgebildet hat, und dass alle Nervenverbindungen lange vor dem äußerlichen Heranreifen eines Tieres voll entwickelt sind. Heute weiß man jedoch, dass die Entwicklung einiger Nervenbahnen erst während der Zeit des Heranwachsens abgeschlossen ist. Vor allem in den Gehirnbereichen, die für soziales Verhalten und für die Kontrolle der Triebe zuständig sind, verändert sich noch einiges. Die halbwüchsigen Jungtiere können deshalb nicht gut mit Druck, Stress in der Gruppe und ihren Trieben umgehen, was für die ausgewachsenen Tiere problemlos möglich ist.

Vorhergehende Doppelseite
TIGER
Ranthambore Nationalpark, Indien
Noorjahan legt eine Pause ein und sucht den Horizont ab, derweil eines ihrer Jungen zu verstehen versucht, was sie dort so interessant findet. Es ist noch früh am Tag und das Tigerweibchen hält Ausschau nach Beute. Die Jungen können zwar schon kleine Tiere erlegen, doch für ihren Nahrungsbedarf ist dies noch nicht ausreichend.

LÖWE
Masai Mara Wildreservat, Kenia
Während der Rest des Rudels im Schatten döst, liegt eine der Löwinnen aus dem Sumpfgebiet auf der Lauer und erlegt eine ahnungslose Beute. Welch ein Erfolg! Sofort verständigt sie die anderen, darunter auch ihre Tochter, und kehrt zu dem Kadaver zurück. Die Mutter und die junge Löwin haben ein sehr enges Verhältnis zueinander.

LEOPARD
Masai Mara Wildreservat, Kenia
Manga, der Sohn von Half Tail, untersucht eine Schildkröte, die er aufgestöbert hat, und testet, ob man sie fressen kann. Die meiste Zeit lebt er allein. Nur noch ab und zu trifft er seine Mutter Half Tail. In einigen Wochen wird er vollständig autonom sein.

Die Sozialisation

Auch nachdem die Nervenenden richtig verknüpft sind, verwandelt sich ein launischer »Jugendlicher« nicht automatisch in einen ausgeglichenen »Erwachsenen«. Vor allem bei Herdentieren gehört dazu noch mehr. Bei den Elefanten bleiben die Töchter in der Regel ihrer Gemeinschaft treu. In der matriarchalisch strukturierten Gruppe leben mehrere Generationen von Elefanten. Die jungen Männchen suchen dagegen das Abenteuer, wenn sich die Sexualhormone bemerkbar machen. Nachdem vor einiger Zeit im Krüger Nationalpark in Südafrika einige erwachsene Weibchen abgeschlachtet worden waren, fand man sich plötzlich mit einer anarchistischen Gruppe verwaister, junger Männchen konfrontiert, die außerordentlich aggressiv waren. Man brachte sie in ein anderes Gebiet, doch dort töteten die gewalttätigen Jungtiere vierzig Nashörner. Ein in der Gemeinschaft aufgewachsener Elefant hätte nie ein solches Verhalten entwickelt. Schließlich wurden der Gruppe einige Männchen zugeführt, die eine traditionelle Kindheit und Jugend durchlaufen hatten. Sie tolerierten diese Art der Brutalität nicht und halfen den Jungtieren dabei, sich altersgerecht zu verhalten.

Einzelgängerische Raubkatzen Es ist für ein junges Säugetier nicht immer leicht, das Rudel zu verlassen. Einige Arten wie die Wölfe helfen dem Nachwuchs in der schwierigen Übergangszeit. Bei den Löwen jedoch weigern sich die männlichen Jungtiere beharrlich, das Rudel zu verlassen und müssen schließlich von den erwachsenen Männchen verjagt werden. Die Löwinnen greifen nicht ein – sie schauen nur zu. Mehrmals konnten wir bereits junge Männchen beobachten, die in der Nähe des Rudels herumschlichen und einen wirklich verzweifelten Eindruck machten. Sie werden aber nicht wieder aufgenommen. Die Verstoßenen bleiben ratlos zurück, sie sind nervös und ängstlich und vor allem einsam.

Die jugendlichen Geparde leben lange Zeit sehr eng mit der Mutter zusammen. Das plötzliche, unvorhergesehene und spurlose Verschwinden des Muttertieres löst bei ihnen zunächst große Verwirrung aus. Einige Tage lang irren sie ziellos durch die Gegend und rufen immer wieder nach der Mutter. Nach und nach begreifen sie, dass diese wirklich weg ist und sie ohne ihren Schutz

GEPARD
Masai Mara Wildreservat, Kenia
Die Gepardenmutter Queen hat eine Impalakolonne entdeckt. In Begleitung ihrer drei Jungen wählt sie ihr Opfer aus. Sie greift ein erwachsenes Tier an, während eines der Jungen ein Kitz tötet.

ORANG-UTAN
Gunung Leuser-Nationalpark, Indonesien
Sasha legt im Schatten eines riesigen Blatts eine Pause ein und blickt völlig gedankenverloren drein. Sie ist ein sehr scheues, junges Weibchen. Bald wird sie von ihrer Mutter unabhängig sein.

weiterleben müssen. Wir folgten einer Gruppe von fünf verlassenen jungen Geparden, darunter ein Weibchen und vier Männchen. Ihr Leben war hart. Jeden Tag suchten sie nach Beute und überlebten nur dank Kleintieren wie Hasen, die sie töteten. Mit der Zeit wurden aus ihnen jedoch sehr geschickte Jäger. Nach einigen Monaten verließ das Weibchen die Gruppe, die Männchen blieben aber zusammen. Aus dem Weibchen wurde eine vorbildliche Mutter, die Männchen paarten sich mit anderen Weibchen, denen sie auf ihren Streifzügen begegneten.

Bei den Raubkatzen entfernt sich ein junges Männchen generell möglichst weit vom Revier der Mutter, nachdem es die Gruppe verlassen hat. Es sucht ein eigenes Territorium. Wenn es kein freies Gebiet findet, in dem es sich niederlassen kann, führt es ein Nomadenleben. Das Männchen hält sich von den Revieren der anderen Rudel fern, bis es sich stark genug fühlt, einen Rivalen herauszufordern. Die jungen Weibchen dürfen manchmal ein neues Revier neben dem der Mutter besetzen, das sich teilweise auch mit ihrem überlappen kann.

Erwachsen werden Einige Jungtiere können nicht alleine überleben. Sie sterben in der kurzen Zeit, in der sie alleine unterwegs sind. Sie verhungern oder fallen anderen Raubtieren und den Angriffen der etablierten erwachsenen Tiere zum Opfer. Manche junge Erwachsene weigern sich einfach, auf Abenteuersuche zu gehen. Bei Schabrackenschakalen kommt es zum Beispiel vor, dass ein Jungtier bei den Eltern bleibt und ihnen hilft, die nächste Generation großzuziehen.

Ein körperlich ausgewachsenes Tier hat nicht automatisch auch die geistige Reife eines Erwachsenen. Die Pavianmännchen sind ein gutes Beispiel dafür. Alle Männchen erreichen die Körpergröße und Statur eines ausgewachsenen Tieres, es sei denn, sie sind unterernährt. Manchen Pavianen fehlt allerdings die nötige Reife, denn sie haben die Lehren ihrer Eltern nie begriffen.

ORANG-UTAN
Gunung Leuser-Nationalpark, Indonesien
Jugendliche Orang-Utans streifen tagelang durch die Gegend. Cepi, ein junges Weibchen, sitzt viele Stunden lang auf dem Baumstamm und kaut auf Bambusstängeln herum.

LÖWE
Masai Mara Wildreservat, Kenia
Eine halbe Stunde nach Sonnenaufgang putzt die Mutter ihre Tochter. Die jungen Löwinnen können im Rudel bleiben, die jungen Männchen müssen es verlassen, wenn sie geschlechtsreif sind.

Nachfolgende Doppelseite
AFRIKANISCHER ELEFANT
Masai Mara Wildreservat, Kenia
Eine Elefantenfamilie trottet beim Weiden langsam vorwärts.

Ein großes Dankeschön geht an Anne-Laure Pernecker für ihren Enthusiasmus, ihre unerschöpfliche Energie und ihr künstlerisches Auge sowie an Sneh Shah, die komplexe, logistische Probleme in aller Ruhe löste. Ich bedanke mich auch bei Elizabeth Eulry für ihr Engagement, bei Nathalie Bec für ihre stets warmherzige Professionalität, bei Audrey Sednaoui, die die Fotos atmen und sprechen ließ, und natürlich bei Catherine Laulhère-Vigneau, die an dieses Projekt glaubte.